图 6-1 猪瘟（皮肤出血）

图 6-2 猪瘟
（肠道、肠系膜淋巴结出血）

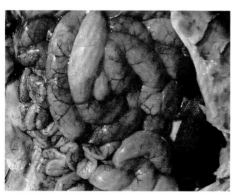

图 6-3 猪传染性胃肠炎（小肠充气）

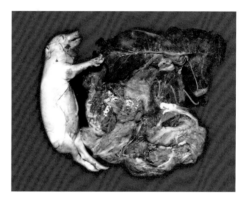

图 6-4 猪细小病毒病
（胎儿体腔积液及部分胎盘钙化）

图 6-5 伪狂犬病（肾脏针尖状出血）

图 6-6 口蹄疫（蹄部水疱烂斑）

图6-7 猪繁殖与呼吸障碍综合征
（肺实变）

图6-8 猪圆环病毒病（肺肿胀）

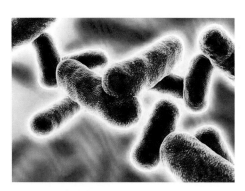

图6-9 炭疽杆菌

图6-10 猪链球菌病（关节肿大）

图6-11 破伤风（角弓反张）

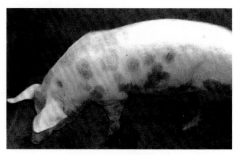

图6-12 猪丹毒（皮肤疹块）

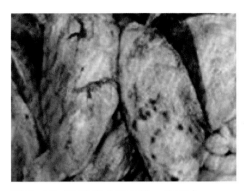

图 6-13 猪肺疫（肺水肿、出血）

图 7-1 绦虫

图 7-2 寄生在肌肉内的猪囊尾蚴

图 7-3 猪头部疥螨

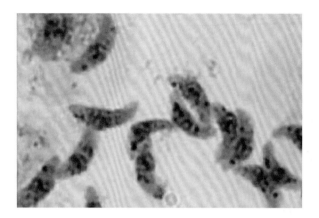

图7-4 弓形体

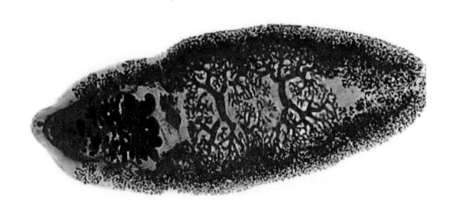

图7-5 姜片吸虫

规模化生态养殖丛书

GUIMOHUA SHENGTAI YANGZHI CONGSHU

# 生猪规模化

## 生态养殖技术

李文海　赵维中　李少平 ▶ 主编

化学工业出版社

·北京·

养猪业是我国畜牧业的重要组成部分，在我国经济发展中占有十分重要的地位。养猪业的发展不仅关系到国民经济的发展，还关系到生态环境的保护以及生猪的食品安全问题。集约化生态养猪改变了传统的分散养猪方式，解决了猪粪污染环境问题，提高了养猪效益。近年来，某些地区通过"猪-沼-草"生态养猪模式，实行农牧果草结合，实现了养猪业的低投入、高产出、少污染。此书主要介绍了生态养猪的重要意义、技术原理、规划与布局、营养特性及饲养管理技术，同时着重阐述了猪在日常饲养管理中常见的各种传染性疾病、寄生虫病及内科病。本书内容科学、通俗易懂，技术新颖且实用，集可操作性和指导性于一身，图文并茂，易懂易学，是专业养殖户或养殖场的技术人员和农村广大养殖者不可多得的指导用书。

**图书在版编目（CIP）数据**

生猪规模化生态养殖技术/李文海，赵维中，李少平主编. —北京：化学工业出版社，2019.10

　　（规模化生态养殖丛书）

　　ISBN 978-7-122-34931-6

　　Ⅰ.①生…　Ⅱ.①李…②赵…③李…　Ⅲ.①养猪学

Ⅳ.①S828

中国版本图书馆 CIP 数据核字（2019）第 153346 号

责任编辑：李　丽

责任校对：王　静　　　　　　　　　　装帧设计：史利平

出版发行：化学工业出版社（北京市东城区青年湖南街 13 号　邮政编码 100011）

印　　刷：三河市延风印装有限公司

装　　订：三河市宇新装订厂

710mm×1000mm　1/16　印张 11¾　彩插 2　字数 168 千字　2019 年 10 月北京第 1 版第 1 次印刷

购书咨询：010-64518888　　售后服务：010-64518899

网　　址：http：//www.cip.com.cn

凡购买本书，如有缺损质量问题，本社销售中心负责调换。

定　　价：49.00 元

# 前　言

养猪是我国广大农村的家庭生产活动，养猪业在我国国民经济及人民生活中占有十分重要的地位，长期以来受到党和政府的高度重视。特别是近年来，我国养猪业发生了巨大的变化，农村家庭养猪逐渐向专业化、商品化生产转变，规模化养猪迅速发展。

然而，传统的生猪饲养模式中，排放的污水、粪便以及臭气等污染物对农村河流、耕地甚至饮用水源地等造成较为严重的污染。由于粪便及污水排放量大，污染物浓度高，治理难度大，要做到达标排放，将使养猪成本提高，效益下降甚至亏损。肉猪生态养殖是近年来新兴起的一门养猪高科技技术。通过生态养猪，既能提供优质的猪肉产品，又能有效保护环境。编者结合多年的养猪生产实践，总结养猪场的生产实践经验，通过本书分享给广大生态养猪爱好者。

本书主要分为两部分内容，第一部分是生态养猪内容，主要介绍生态养猪的意义、选址、圈舍建造与规划布局、饲养管理技术。第二部分主要是重点介绍了猪的病毒性传染病、细菌性传染病、寄生虫病和普通内科病，就这些疫病的病原、发病原因、临床症状、主要病理变化和防治方法都进行了详细的论述。本书内容丰富，图文并茂，文字简明，通俗易懂，是当前广大农村发展养殖业的致富好帮手，也可供养殖场（户）技术人员和专业基层干部阅读参考。

本书在编写过程中得到张家口市农业科学院领导的认真指导，也得到了一些养殖场的大力支持，在此表示衷心的感谢。

由于本书编写时间仓促、编者水平所限，在编写过程中难免有不妥之处，敬请广大读者谅解，并提出宝贵意见。

编者

2019 年 8 月

# 目 录

# 第一篇
# 生态养猪技术

## 知识要点

- ▶ 生态养猪的重要意义
- ▶ 生态养猪的技术原理
- ▶ 生态养猪场的规划与布局
- ▶ 生态养猪管理技术

　　随着养猪业的发展和猪群规模的不断扩大，猪粪、尿的排放量也在急剧增加，原先设计的污水排放净化处理系统将难以满足生产发展的需要，如何处理养猪业中一直难以解决的猪粪、尿，尤其是规模化养猪场内排泄的大量粪、尿对环境生态造成的污染问题，便成了迫切需要解决的问题。生态养猪是利用全新的自然农业理念，结合现代微生物发酵处理技术提出的一种环保、安全、有效的生态养猪方法，目的是实现养猪无排放、无污染、无臭气，彻底解决规模化养猪场的环境污染问题。它是集养猪学、营养学、环境卫生学、生物学、土壤肥料学于一体，遵循低成本、高产出、无污染的原则建立起的一套良性循环的生态养猪体系，也是规模化养猪发展到一定阶段而形成的又一亮点，是养猪业可持续发展的新模式。

# 第一章 →»
# 概述

## 第一节　推广生态养猪的重要意义

我国规模化养猪起步于 20 世纪 90 年代，由于主体投入资金有限，加上没有长期规划，猪场环保设施简陋或根本没有环保设施，废水、粪便大部分未经处理或处理不到位就直接排向外环境，造成污染。按照 2001 年国家环境保护总局发布实施的《畜禽养殖污染防治管理办法》《畜禽养殖业污染物排放标准》和《畜禽养殖业污染防治技术规范》等文件，新建畜禽养殖业污染防治设施与主体工程同时设计、同时施工、同时使用。这已成为世界各国政府和人民广泛关注的问题。我国养猪业整体状况良好，但由于饲料和养殖过程等环节控制不严，导致药物残留问题比较严重。近几年最突出的是盐酸克伦特罗（瘦肉精）和抗生素类等药物的残留问题，同时养猪业的快速发展和规模的不断扩大，给猪场周边环境带来严重污染，从而使猪场内大量的病原微生物得以繁殖，并给控制疫病带来更多困难。因此，发展环保型绿色生态养猪已成当务之急，它不但是养猪业可持续发展的需要，而且是保障人民身体健康、提高人民生活水平的需要，是大势所趋。因此，引导养猪业向生态养殖发展，是发展畜牧业、调整农业结构、保护生态、治理环境的重要举措。

### 一、实现生态养猪解决猪肉产品卫生和安全性问题

在生猪养殖过程中，猪肉产品卫生和安全性问题主要表现在：

① 抗生素及违禁药品滥用或非法使用，导致动物性食品中抗生素或有害物质残留超标。

②饲料中营养物质的不平衡和某些微量元素的过量添加，导致这些元素在动物体内过量积累或排出体外污染环境。目前超高剂量使用的铜、锌、砷等添加剂会在动物内脏中累积并产生危害，同时将过多金属元素排入土壤和水源，土壤和水源受到污染后，这些有害物质会在农产品中富集，最终通过食物链危害人类和其他动物。

③动物疫病种类的复杂化和变异性，使集约化养猪生产的传染病日益严重，新病种类不断增加。生产者为了控制疫病不得不使用更大剂量的抗生素，这样形成恶性循环，使动物体内的抗生素大量残留。

④饲料原料中的重金属及生物性有毒物质也是影响动物产品安全的重要因素。

⑤动物性食品的非法加工加重了动物性产品的安全和质量问题。目前一些动物性产品的加工经营者在加工贮运过程中，为了追求产品感官漂亮、增加产品售价，非法过量使用一些碱粉、芒硝、漂白粉、色素、香精等，有些加工者为延长产品的保质期而大量使用抗生素或防腐剂，这些都会对人体健康产生危害。通过实现生态养猪，不仅能解决猪肉中有毒有害物质的残留问题，还能解决猪肉色淡、味差的问题。

## 二、实现生态养猪突破走向国际市场的贸易壁垒、增加出口创汇

生态养猪场要制定一套完整的标准化安全生产体系和建立猪肉安全生产过程监控系统，确保所生产的猪肉产品绿色环保，以突破国际市场的贸易壁垒，提高我国猪肉的市场竞争力，有利于我国猪肉产品走向国际市场、增加出口创汇。

## 三、实现生态养猪探索环保养猪新型技术

通过生态养猪可解决环保型工厂化养猪的关键技术问题，即如何建立病原净化系统、排污净化系统和绿色饲养系统。环保型生态养猪技术、猪场净化技术、早期断奶隔离分段式饲养技术、粪便废水处理技术、绿色饲养技术的突破，将使仔猪断奶提前2周以上，无病原体、抗生素、重金属、瘦肉精等污染，残留指标全部达到生态环保要求，为社会提供营养、安全的食用猪肉产品。

#### 四、实现生态养猪可变废为宝，改善生态环境

养猪场是一个巨大的污染源。用水冲洗猪场粪便，不但造成大量水资源浪费，而且也使粪便污水体积加大数倍至十几倍。有效实施生态养猪模式可变废为宝，减少环境污染。猪粪经发酵后产生的沼气可以节约大量能源，沼液可以用作有机肥，用于农田，既节约化肥用量，又保护土壤、促进农作物生长。这从根本上解决了长期以来养猪业发展与环境保护之间的矛盾，有效促进了资源的持续利用和生态农业的可持续发展。生态养猪通过粪便的发酵处理、粪肥还田等技术的综合应用，可以减少高浓度养殖污水排入水体，不仅有效地解决了生态环境问题，同时也提高了农副产品的品质和产量，真正实现了农民增收、食品安全和生态保护的"三赢"。

## 第二节　生态养猪的技术原理

我国养猪业面临着破坏环境、污染环境的重大问题且亟待解决。生态猪场应在工程立项之初就把这个问题作为一个中心内容处理，按猪与自然协调的原则来建园林式的猪场。生态养猪的关键技术环节包括：病原体的净化、排污净化、绿色饲养和营造优美的生态猪场环境。生态养猪将从品种的优选劣汰，到仔猪的生长、商品猪的出栏，整个过程采用全封闭的形式，有效地杜绝了外来病菌的侵入，配以猪场隔离而净化病原等技术，从而少用或不用抗生素。绿色饲料的生产能有效地提高饲料的转化率，降低粪便的排泄污染，而排泄净化系统是将有害的废弃物转化成农业产业必需的有机肥料，减少化肥的使用量，促使粮食作物绿色环保。目前技术比较成熟的生态养猪模式有"养猪-沼气-农作物"（简称"猪-沼-作"）养殖模式和"发酵床"养殖模式。其主要技术特点表现在以下几个方面：

#### 一、"猪-沼-作"养殖模式

1. 猪场的病原体净化技术

近几年来，国际上出现了一种新型的猪场净化技术系统——早期断奶

隔离分段式饲养系统。它依据的理论是：母猪是最危险的疾病传播源，仔猪在 3 周龄前，可凭借从初乳母源抗体中获得被动免疫，抵抗来自母猪的病原，但 3 周龄后这种被动免疫力开始下降，因此 3 周龄前应立即断奶（早期断奶），并采取母猪、仔猪隔离和不同批次猪群隔离饲养制度，以切断病原体从母猪到仔猪的垂直感染及猪群间的水平感染。

**2.粪便废水的处理技术**

粪便废水常应用沼气发酵法处理，但发酵方法停留时间长、投资和运行费用高、利用率低。因此，环保问题已经成为制约工厂化养猪场生存和发展的首要决定因素。对集约化养殖场或高密度养殖区的畜禽废弃物进行无害化生物治理和高效利用，主要是以猪粪为原料，应用生物发酵技术生产有机肥，既实现了猪场粪便净化，又用有机肥替代化肥，可促进农业有机肥的发展。大力推广沼气综合利用技术，可使猪粪便得到有效处理，同时利用沼气清洁能源照明、烧饭、取暖等可节省能源。此外沼液还可用于喂鱼，也可作蔬菜、牧草、果树叶面肥，沼渣可种菇，也可作蔬菜、牧草、果树等的优质有机肥料。通过开发沼气，可形成独特的牧、沼、果、鱼、菇等良性的立体生态畜牧业模式，生产绿色动植物食品，建成一批"猪-沼-作"产品基地（图 1-1）。

图 1-1　沼气池

**3.绿色饲养技术**

在生猪饲养过程中应使用绿色饲料，避免使用抗生素。畜禽养殖的集约化生产给人类提供了丰富的肉食品，生产者也得到了可观的经济效益，但动物产生的粪便已成为环保大敌。科学证明，动物日粮的植物性饲料中有 2/3 的磷不能被动物利用，造成磷资源浪费，引起严重的环境污染；猪饲料中蛋白质的利用率仅 30%～50%，大部分的氮随着粪、尿排出体外，增加了水和大气的污染程度。因此，有效的营养措施、科学的日粮配制技术和生物技术在饲料中加以应用，可从根本上减少畜牧生产污染。一是开发应用低污染日粮（又称生态型日粮），降低蛋白质浓度，补充猪体必需氨基酸种类和数量，既可降低饲料生产成本又可减少氮的排泄。二是采用阶段饲喂法，将不同品种、性别、年龄猪的营养需要与日粮的供给量更好地结合起来，减少由于多余的营养排出所造成的污染。三是使用有机微量元素、酶制剂、益生素、益生菌等有机物和生物制品添加剂替代无机盐饲料添加剂，可有效地提高饲料转化率，降低畜牧生产污染，增强动物抗病能力，降低兽药残留量，改善动物食品的品质。

4.生态养殖技术养殖的健康猪才是安全的

通过一系列良好的疾病监测和生物安全控制手段，尽量减少疾病的发生和药物的使用量。所用兽药、疫苗必须来源明确、质量可靠，全面禁止饲料中添加抗生素，保障猪群健康，从而生产安全的猪肉产品。

5.优美的生态环境

猪场选址、设计符合生态型优美环境的要求是生产"绿色产品"的必要条件。猪场的选址、设计不仅仅要考虑猪舍的小气候环境，更重要的是要考虑猪场周边的大气候环境。自选址、规划、设计开始，就要注重环境、环保绿色、生态有机结合的发展，倡导"优美的环境、科学的管理"的发展理念。

## 二、"发酵床"养殖模式

"发酵床"生态养猪的原理：利用微生物发酵床进行自然生物发酵，即利用发酵床菌种营养搭档伴侣和粪便秸秆发酵剂，按一定比例混合秸秆、锯末、稻壳粉和粪便进行微生物发酵繁殖，形成一个微生态发酵床工厂，并以此作为猪圈的垫料；再利用生猪的拱翻习性，使猪粪、尿和垫料充分混合，通过发酵床的分解发酵，使猪粪、尿中的有机物质得到充分的分解和转化，微生物以尚未消化的猪粪为食饵，繁殖滋生；随着猪粪、尿的处理，臭味消失，而同时繁殖生长的大量微生物又向生猪提供了无机物营养和菌体蛋白质，被猪食用，从而相辅相成，将发酵床变成微生态饲料加工厂，达到无臭、无味、无害化的目的，是一种无污染、无排放、无臭气的新型环保生态养猪技术，具有成本低、耗料少、操作简单、效益高、无污染等特点。

# 第三节　生态养猪的优缺点

## 一、"猪-沼-作"生态养猪

生态型养猪模式又称种养结合养猪模式，即"猪-沼-作"（草、林、菜等）养猪模式，是以干清粪为基础，以废弃物综合利用为目的的治理模式。其主要生产工艺是：猪场粪污经干清粪、格栅拦截和固液分离后，将粪渣固体堆积发酵制成有机肥，集中运输至果园、草地或树林等用于施基肥、追肥或出售；用少量水冲洗猪舍中残存的粪尿产生的污水，经过格栅拦截后的污水则进入沼气池进行厌氧发酵，沼液通过专门管道或车辆运输至周边的农田用作基肥、追肥。

（1）优点　粪污作为有机肥料被植物吸收利用，对环境造成的污染小，而且建造成本和运行费用低，适用于自有农林吸纳地多和较小规模的生猪养殖场。

（2）缺点　需要有大量消纳地来消纳粪便污水，必须要有足够容积的贮存池来贮存暂时没有施用的沼渣、沼液，雨季以及非用肥季节还须考虑沼液的出路；沼液、沼渣作为有机肥使用时，如果使用方式不合理或者连续过量使用超过土地的承载能力，也可能对地表水和地下水构成污染。

## 二、"发酵床"生态养猪

1.投资少、造价低，建筑施工简便易行，一场多用，易于转产、降低投资风险

建造一个100头规模的育肥猪大棚，只需投资7000元左右，每平方米造价70元左右。大棚跨度一般为4～5米，长度为20～25米，四周围栏高1.0～1.2米，支撑大棚可用空心砖等材料，棚高一般在2.7～3.0米，材料可选用钢筋、水泥等，顶部覆盖塑料薄膜、编织布、草帘等。大棚四周不设围墙，夏天相当于凉棚，冬季放下塑料薄膜就成为一个暖圈，冬暖夏凉，为猪提供了一个良好的生长环境。

大棚可一棚多用，不仅可养猪，还可养牛、羊、兔等，并且可随时转

产，种植大棚蔬菜、栽培蘑菇等，增加了抵抗风险的能力。

2.零排放、无臭气、无污染

生态养猪不同于一般的传统养猪，猪粪、尿可长期留存于猪舍内，不向外排放，不向周围流淌，整个育肥期不需要清除粪便，可在猪群出栏后一次性清除粪便，这样做不会影响猪的发育。在猪的饲料和垫料中添加微

图 1-2　发酵床养猪

生物菌种营养搭档伴侣和粪便秸秆发酵剂，有利于饲料中蛋白质的分解和转化，降低粪便的臭味；同时在垫料发酵床内，垫料、粪尿、残饲料是微生物源源不断的营养食物，被不断分解，所以床内见不到粪便垃圾臭烘烘的景象。整个发酵床内，猪与垫料、猪粪尿、残饲料、微生物等形成一个"生态链"（图 1-2），发酵床就像一个

生态工厂，它总在不停地流水作业，垫料、猪粪尿、残饲料等有机物通过发酵床菌种营养搭档伴侣和粪便秸秆发酵剂这个"中枢"在循环转化，微生物在"吃"垫料、猪粪尿、残饲料，猪在"吃"微生物（包括各种真菌菌丝、菌体蛋白质、功能微生物的代谢产物、发酵分解出来的微量元素等），整个猪舍无废料、无残留，无粪便垃圾产生，而且发酵床内部中心发酵时温度可达 60～70℃，可杀死粪便中的虫卵和病菌，清洁卫生，使苍蝇蚊虫失去了生存的基础，所以在发酵床式猪舍内非常卫生干净，很难见到苍蝇，空气清新，无异臭味。

如果是养猪养鱼，需要利用猪粪尿肥水，猪圈可以采用地上式生态床，底下打上水泥地面（旧式猪圈加高围墙 50～90 厘米即可）。利用生态床先净化粪尿形成微生态制剂，再排进池塘净化水质。整个过程通过生态床形成一个微生态净化处理粪尿、微生态制剂加工工厂，通过源源不断地补充菌种，不断地处理粪尿、加工微生态制剂净化猪圈环境和水质。

3.环境优越，发病率下降，减少用药

发酵舍内环境优越、冬暖夏凉。"冬暖"是因为垫料、猪粪尿和残饲料的混合物在发酵床菌种营养搭档伴侣和粪便秸秆发酵剂作用下迅速发酵

分解，产生热量，底部温度可达 40～50℃，中间甚至可达 60～70℃，表层温度长期维持在 25～30℃。这种环境在冬天可以避免猪只感冒生病。"夏凉"是因为夏天发酵舍周围揭起塑料膜就是凉棚，而且凉爽不仅与温度还与湿度有关，发酵床的温度并不是无限上升的，而是可人为控制的。假定当发酵床内温度升高到接近或高于室内或室外温度时，热空气上升，冷空气从四周进入，产生对流，温度就迅速降下来了，并且产生凉爽的感觉。同时圈内因无粪尿垃圾而显得干爽，不会产生湿热闷闭难耐的感觉。夏天可以避免猪粪尿又多又湿又臭导致呼吸道疾病和消化道疾病的发生。生活在发酵床内的猪只一年四季都比较舒服，猪处在舒适的生存环境中，抵抗各种疫病的能力增强，兽药、疫苗使用数量下降。

4.省工省力，提高效益

普通猪舍清除粪尿占用了大量的劳动力，发酵床生态养猪免除了猪圈的清理工作，主要工作就是添加饲料，再在猪舍圈内安装自动食槽、自动饮水器，省工节力，一人就可饲养上千头生猪，提高劳动效率可达 60％以上，有利于生猪饲养的规模化、工厂化发展。

5.节省水、电、煤、饲料，降低饲养成本

常规饲养需要大量的水来冲洗猪粪尿，发酵床生态养猪免除冲洗用水，只要饮水即可，可节省用水 90％。"冬暖夏凉"的环境省去了大量电、煤。发酵床内垫料、猪粪尿和残饲料的混合物经发酵后，分解或降解出很多有益物质，如长出的放线菌菌丝、微量元素、蛋白质等，而且锯屑中的木质纤维和半纤维也可被降解转化成易吸收的糖类，这些都对猪的生长起到了很好的促进作用。猪通过翻拱食用，从发酵床中获取了一定的营养，从而减少了精饲料的需要量。

6.改善肉蛋奶品质，生产"绿色肉"

影响肉质好坏有很多因素，如使用各种兽药、加入不适当的饲料添加剂、饲喂不合格的饲料等，导致猪肉的色变淡、含水量高、口感差等。在潮湿环境下生长的猪水分含量高，其猪肉没有那种天然香味，长期使用过多工厂化饲料、兽药或添加剂的猪，其肉有异味。使用发酵床养猪，通过食取发酵床营养搭档伴侣和粪便秸秆发酵剂内大量繁殖的有益微生物，减少添加剂、抗生素、兽药的用量，并增强机体消化吸收功能，充分吸收利用饲料中的营养成分及原料的天然色素，能天然增加猪肉产品着色度和食用风味，猪只皮肤红润，毛色发亮。

# 第四节　生态养猪的发展前景

说起养殖业，很多人第一时间想到的都是养猪、养鸡鸭鹅、养鱼等传统养殖业，养殖业的发展前景其实并不在这些传统养殖业上，因为传统养殖业的类同性导致市场饱和程度越来越高，供过于求的场面经常出现，传统养殖业的发展已经接近瓶颈，生态养殖业市场广阔，将是替代传统养殖业的全新项目。

养殖业的发展前景在生态养殖业，这是时代发展的必然趋势。生态养殖业具有多种优点，与传统养殖业不同，生态养殖业是根据生态学原理，养殖对象都是经过高科技生物技术培育的品种，而且是市场稀有品种，其商业价值高，市场竞争小，生态养殖业是未来养殖业最好的选择。

集约化养殖是现代养殖业发展的主流，然而集约化养殖场却存在着诸多环境和食品安全方面的隐患。它们每天要向外部环境排放大量污染物，成为非工业污染源。据测算，1头90千克左右的商品猪日排粪量约2.2千克、尿量2.9千克、污水20～30千克。这些污染物若得不到及时处理，任其随意排放就会污染环境。另外，集约化养猪场提供市场的猪肉价格较低，单靠猪肉销售，企业效益也不会太好。因此，采取生态养殖模式、重视养殖全过程的管理、实行清洁生产是控制猪场污染、提高猪肉品质、增加养殖收入的关键。

## （一）综合利用废弃物，提高养殖收入

改变过去传统单一养猪经营模式，运用"猪-沼-作"等生态养殖和商品有机肥生产等成熟技术，综合利用废弃物，达到增收减污的目的，是养殖业做强做大的必由之路。

## （二）提高饲料转化率

有条件的养猪场最好采用膨化和颗粒加工技术，破坏或抑制饲料中的

抗营养因子及有害物质和微生物，以改善饲料卫生、提高饲料转化率、减少粪尿排泄量。如果加工工艺控制不当，饲料添加的各种化学物质在粉碎、输送、混合、制粒、膨化等过程中会发生降解反应和氧化还原反应，生成一些有毒有害物质，对饲料及环境极易造成二次污染。因此必须注意各类添加剂在猪饲料中的合理应用。在饲料中辅助添加益生素、酶制剂、酸化剂、氨化抑制剂、吸附剂、纤维素或寡糖以及除臭剂等，可以大大减少猪粪尿中氮、磷和臭素的排出量。有资料表明，添加一定量的益生素，能够调节猪胃肠道内的微生物群落，促进有益菌的生长繁殖，使饲料在猪消化道的降解率上升15%，同时能提高氮的沉积率，使排放到环境中的氮源减少15%～25%，从而减轻氮对环境造成的污染。

（三）延长生态链，提高资源利用率

在形成"猪-沼-作"生态种养结合养殖模式的基础上，应不断延长生态产业链，应用循环经济技术，因地制宜地开发利用废弃物资源，如利用沼气发电，利用沼液种植农作物，利用干湿分离的猪粪生产有机肥。利用新鲜猪粪养蝇蛆，利用发酵后的猪粪养蚯蚓，再用高蛋白质的蝇蛆和蚯蚓养猪，可以节约大量蛋白质饲料。

总之，以科学发展观为指导，依托科学、成熟、有效的养殖技术，坚持走生态养殖的道路，养殖业才能健康、持续、高效地发展。

# 第二章 ——>>
# 养猪场建设

目前，随着养猪业的快速发展，一大批规模化养猪场相继建成投产，使生猪养殖的数量急速增加。养猪场的建造对生态养猪过程起着决定性的作用。近年来，我国专门规定了规模化养猪场的标准化要求，规模化养猪场必须具备以下要求，即场址环境优美、空气新鲜、无污染，且远离公路干线和居民区；场区布局合理，便于管理；各种防疫条件合格。

## 第一节  场址的选择

### 一、地形地势

猪场一般要求地形整齐开阔，地势较高、干燥、平坦或有缓坡，背风向阳，空气新鲜，无污染。

### 二、交通

猪场必须选在交通便利的地方。但因猪场的防疫需要和对周围环境环保的要求，又不可太靠近主要交通干道，最好离主要交通干道 500 米以上，同时要距离居民点及水源地 500 米以上。如果有围墙、河流、林带等屏障，则距离可适当缩短些。禁止在旅游区及工业污染严重的地区建场。

### 三、水源水质

猪场水源要求水量充足、水质良好、便于取用和进行卫生防护。水源水量必须能满足场内生活用水、猪只饮用及饲养管理用水（如清洗调制饲料、冲洗猪舍、清洗机具和用具等）的要求。

### 四、场地面积

猪场占地面积依据猪场生产的任务、性质、规模和场地的总体情况而定。生产区面积一般可按每头繁殖母猪 $40\sim50$ 米$^2$ 或每头上市商品猪 $3\sim4$ 米$^2$ 进行规划。

## 第二节　猪场的规划与布局

场地选定后，根据有利防疫、改善场区小气候、方便饲养管理、节约用地等原则，考虑当地气候、风向、场地的地形地势、猪场各种建筑物和设施的大小及功能关系，规划全场的道路、排水系统、场区绿化等，安排各功能区的位置及每种建筑物和设施的位置与朝向。

### 一、生产区

生产区包括各类猪舍和生产设施，这是猪场中的主要建筑区，一般建筑面积约占全场总建筑面积的 $70\%\sim80\%$。种猪舍要求与其他猪舍隔开，形成种猪区。种猪区应设在猪场的上风向且人流较少的地方，种公猪在种猪区的上风向，防止母猪的气味对公猪形成不良刺激，同时可利用公猪的气味刺激母猪发情。分娩舍既要靠近妊娠舍，又要接近培育猪舍。育肥猪舍应设在下风向，且离出猪台较近。在设计时，使猪舍方向与当地夏季主导风向成 $30°\sim60°$角，使每排猪舍在夏季得到最佳的通风条件。总之，应根据当地的自然条件，充分利用有利因素，从而在布局上做到对生产最为有利。在进场和进生产区的入口处，应设专门的消毒间或消毒池，以便对进入生产区的人员和车辆进行严格的消毒（图 2-1）。

### 二、饲养管理区

饲养管理区包括猪场生产管理必需的附属建筑物，如饲料加工车间、

图 2-1    进场车辆消毒池

饲料仓库、修理车间、变电所、锅炉房、水泵房等。它们和日常的饲养工作有密切的关系，所以这个区应该与生产区毗邻建立。

### 三、病猪隔离间及粪污处理区

病猪隔离间及粪污处理区这些建筑物应远离生产区，设在下风向、地势较低的地方，以免影响生产猪群。

### 四、兽医室

兽医室应设在生产区内，只对区内开门，为便于病猪处理，通常设在下风向。

### 五、生活区

生活区包括办公室、接待室、财务室、食堂、宿舍等，这是管理人员和家属日常生活的地方，应单独设立。一般设在生产区的上风向，或与生产区风向平行的一侧。此外，猪场周围应建围墙或设防疫沟，以防野兽侵害和避免闲杂人员进入场区。

### 六、道路

道路对生产活动的正常进行、卫生防疫及提高工作效率起着重要的作用。场内道路应净、污分道，互不交叉，出、入口分开。净道的功能是人行和运输饲料、产品，污道为运输粪便、病猪和废弃设备的专用道。

### 七、水塔

自设水塔是清洁饮水正常供应的保证，位置选择要与水源条件相适应，且应安排在猪场最高处。

## 八、绿化

绿化不仅可以美化环境、净化空气，也可以防暑、防寒，改善猪场的小气候，同时还可以减弱噪声，促进安全生产，从而提高经济效益。因此在进行猪场总体布局时，一定要考虑和安排好绿化。

# 第三节　猪舍的建筑设计

## 一、发酵床猪舍建筑设计

### （一）猪舍

猪舍一般宽 4～6 米、长 8～20 米，立柱高 1.8～2 米，顶高 3 米左右，坐北朝南，屋顶要做好保温隔热设计，以利冬季保温及夏季隔热，房顶设有可自由开闭的窗子，阳光可照射整个猪床面积的三分之一，南北墙可设大窗或使用卷帘，并且从太阳升起至太阳落下，可照射整个猪床的每个角落，这样可使猪舍内部进行日光消毒。

如果用温室大棚模式，养猪大棚跨度一般为 4～5 米，长度为 20～25 米，四周围栏高 1.0～1.2 米，支撑大棚可用空心砖等材料，棚高一般在 2.7～3.0 米。材料可选用钢筋、水泥等，顶部覆盖塑料薄膜、编织布、草帘等。大棚四周不设围墙，夏天相当于凉棚，冬季放下塑料薄膜就成为一个暖圈，冬暖夏凉，为猪提供了一个良好的生长环境。

### （二）猪圈

通常每间猪圈净面积约 25 米$^2$，可饲养肉猪 15～20 头；一般每头猪占地 1.2～1.5 平方米；向地面以下深挖 50～90 厘米。

### （三）建造发酵床的注意事项

1. 通气

每个猪栏都要开窗，一般来说，要相对而开，便于空气流通。夏季打开，冬天太冷时需要关闭，一般情况下需要定期打开。

2. 阳光

屋顶需要设置阳光瓦，要让阳光照进来，这对圈底微生物发酵床菌种营养搭档伴侣和粪便秸秆发酵剂的发酵非常重要，阳光瓦的多少以阳光自东向西移动时可照到猪圈全部为最佳，尽量做到阳光普照。

3. 分区（猪栏）

分区主要是用钢管，因为钢管耐用而且美观。

4. 猪槽

猪槽应设在猪栏的外边，让猪头部伸出栏外采食或猪栏设计在猪槽的中间，以便于饲养员在栏外添加饲料。

5. 养猪密度

根据猪的大小来分，考虑猪的数目（从仔猪就要考虑），以 100 米$^2$ 70～80 头为宜，每头猪需要 1.2～1.5 米$^2$ 左右，如果密度太小，微生物营养不够，发酵不好而影响效果，但密度过大会对圈底造成很大的影响，猪的活动空间也不够，微生物吸收不了这么多猪粪，导致圈底潮湿，影响猪只的舒适度以及健康。

## 二、"猪-沼-作"猪舍的建造与设计

### （一）猪舍的形式

（1）按屋顶形式分 猪舍有单坡式、双坡式等。单坡式一般跨度小、结构简单、造价低、光照和通风好，适合小规模猪场。双坡式一般跨度大，双列猪舍和多列猪舍常用该形式，其保温效果好，但投资较多。

（2）按墙的结构和有无窗户分 猪舍有开放式、半开放式和封闭式。开放式是三面有墙一面无墙，通风透光好，不保温，造价低。半开放式是三面有墙一面半截墙，保温稍优于开放式。封闭式是四面有墙，又可分为有窗和无窗两种。

（3）按猪栏排列分 猪舍有单列式、双列式和多列式。

### （二）猪舍的基本结构

一列完整的猪舍，主要由墙壁、屋顶、地板、门窗、粪尿沟、隔栏等部分构成。

1.墙壁

墙壁要求坚固、耐用、保温性好。比较理想的墙壁为砖砌墙，要求水泥勾缝，离地0.8~1.0米水泥抹面。

2.屋顶

猪舍屋顶要求必须具备坚固、保温、防晒的功能，并且能防风、防漏雨，能承受厚雪的压力。一般采用水泥预制板平板式较好，并在板上面加盖15~20厘米的厚土以利保温、防暑。目前大多数养猪场的猪舍屋顶采用保温彩钢瓦，其效果也不错，但最好在彩钢瓦下面再加做一层顶棚，以增加猪舍的保温性能。

3.地板

地板要求坚固、耐用、渗水良好。比较理想的地板是水泥勾缝平砖式（属新技术）地板，其次为夯实的三合土地板，三合土要混合均匀，湿度适中，切实夯实。

4.粪尿沟

开放式猪舍要求粪尿沟设在前墙外面；全封闭、半封闭式（冬天扣塑棚）猪舍粪尿沟可设在距南墙40厘米处，并加盖漏缝地板。粪尿沟的宽度应根据舍内面积设计，至少有30厘米宽。漏缝地板的缝隙宽度要求不得大于1.5厘米。

5.门窗

开放式猪舍运动场前墙应设有门，门高0.8~1.0米、宽0.6米，要求特别结实，尤其是种猪舍；半封闭式猪舍则于运动场的隔墙上开门，门高0.8米、宽0.6米；全封闭式猪舍仅在饲喂通道侧设门，门高0.8~1.0米、宽0.6米。通道的门高1.8米、宽1.0米。无论哪种猪舍都应设后窗。开放式、半封闭式猪舍的后窗长与高皆为40厘米，上框距墙顶40厘米；半封闭式中隔墙窗户及全封闭式猪舍的前窗要尽量大，下框距地面1.1米；全封闭式猪舍的后墙窗户可大可小，若条件允许，可装双层玻璃。

6.隔栏

除通栏猪舍外，在一般密闭猪舍内均需建隔栏。隔栏材料基本上有两种，即砖砌墙水泥抹面及钢栅栏。纵隔栏应为固定栅栏，横隔栏可为活动栅栏，以便进行舍内面积的调节。

### （三）猪舍的类型

猪舍的设计与建筑，首先要符合养猪生产工艺流程，其次要考虑各自的实际情况。黄河以南地区以防潮隔热和防暑降温为主；黄河以北地区则以防寒保温和防潮防湿为重点。

1. 公猪舍

公猪舍一般为单列半开放式，舍内温度要求15～20℃，风速为0.2米/秒，内设走廊，外有小运动场，以增加种公猪的运动量，一圈一头。

2. 空怀、妊娠母猪舍

空怀、妊娠母猪最常用的一种饲养方式是分组大栏群饲，一般每栏饲养空怀母猪4～5头、妊娠母猪2～4头。圈栏的结构有实体式、栏栅式、综合式三种，猪圈布置多为单走道双列式。猪圈面积一般为7～9平方米，地面坡降不要大于1/45，地表不要太光滑，以防母猪跌倒。也有用单圈饲养方式，一圈一头。舍温要求15～20℃，风速为0.2米/秒。

3. 分娩哺育舍

舍内设有分娩栏，布置多为两列或三列式。舍内温度要求15～20℃，风速为0.2米/秒。分娩栏位结构也因条件而异。

（1）地面分娩栏　采用单体栏，中间部分是母猪限位架，两侧是仔猪采食、饮水、取暖等活动的地方。母猪限位架的前方是前门，前门上设有食槽和饮水器，供母猪采食、饮水；限位架后部有后门，供母猪进入及清粪操作。可在栏位后部设漏缝地板，以排除栏内的粪便和污物。

（2）网上分娩栏　主要由分娩栏、仔猪围栏、钢筋编织的漏缝地板网、保温箱、支腿等组成。

4. 仔猪保育舍

舍内温度要求26～30℃，风速为0.2米/秒。可采用网上保育栏，1～2窝一栏网上饲养，用自动落料食槽，自由采食。网上培育减少了仔猪疾病的发生，有利于仔猪健康，提高了仔猪成活率。仔猪保育栏主要由钢筋编织的漏缝地板网、围栏、自动落料食槽、连接卡等组成。

5.生长、育肥猪舍和后备母猪舍

这三种猪舍均采用大栏地面群养方式，自由采食，其结构形式基本相同，只是在外形尺寸上因饲养头数和猪体大小的不同而有所变化。

选择与猪场饲养规模和工艺相适应的先进而经济的设备，是提高生产水平和经济效益的重要措施。

### （四）猪栏

猪栏包括妊娠栏、分娩栏、仔猪培育栏、育成育肥栏。

这几种猪栏一般都位于同一栋舍内，面积一般都相等，栏高一般为1.2～1.4 米，面积 7～9 米$^2$。

1.妊娠栏

妊娠栏有两种：一种是单体栏，另一种是小群栏。单体栏由金属材料焊接而成，一般栏长 2 米、栏宽 0.65 米、栏高 1 米。小群栏的结构可以是混凝土实体结构、栏栅式或综合式结构，不同的是栏高一般 1～1.2 米，由于采用限制饲喂，因此不设食槽而采用地面饲喂。面积根据每栏饲养头数而定，一般为 7～15 米$^2$。

2.分娩栏

分娩栏（图 2-2）的尺寸与选用的母猪品种有关，长度一般为 2～2.2 米，宽度为 1.7～2.0 米。母猪限位栏的宽度一般为 0.6～0.65 米，高 1.0 米；仔猪活动围栏每侧的宽度一般为 0.6～0.7 米，高 0.5 米左右，栏栅间距 5 厘米。

图 2-2 分娩栏

3.仔猪培育栏

仔猪培育栏一般采用金属编织网漏缝地板或金属编织镀塑漏缝地板，后者的饲养效果一般好于前者。大、中型猪场多采用高床网上培育栏，它是由金属编织网漏缝地板、围栏和自动落料食槽组成，漏缝地板通过支架设在粪沟上或实体水泥地面上，相邻两栏共用一个自动落料食槽，每栏设一个自动饮水器。这种培育栏能保持床面干燥清洁，减少仔猪的发病率，是一种较理想的保育猪栏。仔猪培育栏的栏高一般为 0.6

图 2-3　仔猪发酵床培育栏

米，栏栅间距 5～8 厘米，面积因饲养头数不同而不同。小型猪场断奶仔猪也可采用发酵床饲养的方式，寒冷季节发酵床可通过发酵产生热量，保持室内温度，有利于仔猪生长发育（图 2-3）。

4.育成育肥栏

育成育肥栏有多种形式，其地板多为混凝土结实地面或水泥漏缝地板条，也有采用 1/3 漏缝地板条、2/3 混凝土结实地面。混凝土结实地面一般有 3% 的坡度。育成育肥栏的栏高一般为 1～1.2 米，采用栅栏式结构时，栏栅间距 8～10 厘米。

## （五）饮水设备

猪用自动饮水器的种类很多，有鸭嘴式、杯式、乳头式等。由于乳头式和杯式自动饮水器的结构和性能不如鸭嘴式饮水器，目前普遍采用的是鸭嘴式自动饮水器。它主要由阀体、阀芯、密封圈、回位弹簧、塞和虑网组成。

## （六）饲喂设备

### 1.间息添料饲槽

条件较差的一般猪场采用间息添料饲槽，分为固定饲槽、移动饲槽。一般为水泥浇注固定饲槽，饲槽都在隔墙或隔栏的下面，由走廊添料，滑向内侧，便于猪采食。饲槽一般为长形，每头猪所占饲槽的长度应根据猪的种类、年龄而定。较为规范的养猪场都不采用移动饲槽。集约化、工厂化猪场，限位饲养的妊娠母猪或泌乳母猪，其固定饲槽为金属制品，固定在限位栏上。

### 2.方形自动落料饲槽

一般条件的猪场不用这种饲槽，它常见于集约化、工厂化的猪场。方形落料饲槽有单开式和双开式两种。单开式的一面固定在与走廊的隔栏或隔墙上；双开式则安放在两栏的隔栏或隔墙上，自动落料饲槽一般由镀锌铁皮制成，并以钢筋加固，否则极易损坏。

　　3.圆形自动落料饲槽

　　圆形自动落料饲槽用不锈钢制成，较为坚固耐用，底盘也可用铸铁或水泥浇注，适用于高密度、大群体生长育肥猪舍（图2-4）。

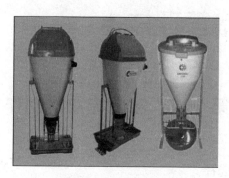

图2-4　自动落料饲槽

# 第三章

## 生态养猪管理技术

### 第一节　发酵床垫料制作

#### 一、垫料原料选择

发酵床生态养猪零排放养猪技术的重要环节之一是垫料的制作。垫料一般选择秸秆、树叶杂草、稻谷壳粉、锯末、粪便、发酵剂等，有条件的加入少量的米糠、酒糟等糟渣类饲料发酵效果更好。垫料中的秸秆、树叶杂草、稻谷壳粉主要起蓬松透气作用，使得垫料中有充足的氧气，锯末、粪便、米糠、酒糟等则是起提高垫料的保水性及微生物营养源的作用。

注意事项：

（1）秸秆、树叶杂草需事先切成5～8厘米长的小段。

（2）锯末经防腐剂处理过的不得使用，如三合板等高密板材锯下的锯末。

#### 二、垫料配比及用量

垫料配比：锯末50%，稻谷壳粉40%（若无，可用锯末全部代替），粪便10%。发酵床菌种粪便秸秆发酵剂0.2%，水60%～70%。如添加5%～10%米糠、酒糟等糟渣类饲料发酵效果更好，可代替等量稻谷壳粉。

以猪圈填垫料总厚度90厘米，每平方米用垫料170千克计算，垫料原料用量如下：锯末屑25（米²）×170（千克/米²）×50%＝2125（千克）；稻谷壳粉25（米²）×170（千克/米²）×40%＝1700（千克）；粪便25（米²）×170（千克/米²）×10%＝425（千克）；发酵床菌种25（米²）×170（千克/米²）×0.2%＝8.5（千克）。如果有条件可先铺30～40厘米厚的木楔，然后再铺上发酵垫料。如果锯末不充足，可先铺 50 厘米厚的秸秆、树叶杂草，然后再铺上发酵垫料。

### 三、垫料发酵方法

垫料发酵根据制作场所不同一般可分为集中统一制作和猪舍内直接制作两种。

集中统一制作是在舍外场地统一搅拌、发酵制作垫料。这种方法可用较大的机械操作，效率较高，适用于规模较大的猪场，在新制作垫料的情况下通常采用该方法。

在猪舍内直接制作是十分常用的一种方法，即在猪舍内逐栏把秸秆、树叶杂草铺上，然后把稻谷壳粉、锯末、粪便、米糠、酒糟等混合均匀后使用。这种方法效率较低，适用于规模不大的猪场。

### 四、垫料发酵操作

（1）准备　将发酵垫料、秸秆、发酵菌种、粪便、发酵剂和水按配比准备待用。

（2）稀释　先将发酵菌种、粪便、秸秆、发酵剂倒入准备使用的水中，稀释搅拌均匀，浸泡 2~12 小时活化菌种，增强菌种活性，稀释用水最好为井水或河水，若为自来水需放置 24 小时后再用。

（3）搅拌发酵

① 有搅拌机：可以先将发酵原料混合 2 分钟后，再倒入菌种稀释液搅拌 4 分钟。

② 无搅拌机：在地面铺上发酵垫料翻倒两次混合均匀；再浇发酵菌种、粪便、秸秆、发酵剂稀释液翻倒两次混合均匀；堆成高约 0.6 米、宽 2 米的长方形物料堆，并在堆顶打孔通气；最后用长方形塑料布将肥堆覆盖进行保温、保湿、保肥，塑料布与地面相接，隔 1 米压一重物，使膜内既通风又避免被大风鼓起。发酵过程中应特别注意翻堆通风换气，夏、秋季节早、晚要揭膜通风翻堆一次（1~2 小时），天气晴朗时可在头天傍晚揭膜，次日早上覆盖。堆沤 4~6 天后，堆温可升至 60~70℃。

注意：如发酵失败，查垫料是否加入防腐剂、杀虫剂，水分是否过高或不足。视发酵混合物水分多少增减配比，发酵混合物的总水分应控制在60%～70%。过高、过低均不利于发酵，水过少，发酵慢；水过多，会导致通气差、升温慢并产生臭味。水分合适与否的判断办法：手紧抓一把物料，指缝见水印但不滴水，落地即散。

## 第二节　发酵床养猪管理技术

### 一、发酵床管理

猪舍中的锯末变少时，适当补充缺少部分，并同时补充发酵床专用菌种粪便秸秆发酵剂。为利于猪拱翻地面，猪的饲料喂量应控制在正常量的80%，当粪、尿成堆时挖坑埋上即可。地面湿度必须控制在60%，应经常检查，如水分过多应打开通风口，利用空气调节湿度。另外，平时发现猪粪堆积得比较多时，把它向空地撒一撒，便于充分分解。另外，地面不能太干燥，既要保持垫料很松散，又不能有灰尘扬起来，否则猪容易得呼吸道病。在特别湿的地方加入适量新的锯末、稻谷壳粉，锯末、稻谷壳粉各50%。用叉子或便携式犁耕机把比较结实的垫料翻松，把表面凹凸不平之处弄平，猪全部出栏后，最好将垫料放置干燥2～3天；将垫料从底部反复翻弄均匀一遍，看情况可以适当补充发酵床菌种混合物，重新堆积发酵，间隔24小时后即可再次进猪饲养。饲养密度：单位面积饲养猪的头数过多，床的发酵速率就会降低，不能迅速降解、消化猪的粪尿；一般每头猪占地1.2～1.5米$^2$。

### 二、饲养管理

发酵舍养猪饲养管理与传统养猪模式类似。

（1）与传统养猪模式一样，首先要打好疫苗，控制疾病的发生。

（2）进入发酵舍前必须做好驱虫工作。

（3）进入发酵舍的猪大小必须较为均衡、健康。

（4）保持适当的密度：养猪的头数过多，发酵床的发酵速率就会降低。一般7～30千克的猪0.8～1.2米$^2$/头，30～100千克的猪1.2～1.5

米²/头。

（5）注意通风管理，带走发酵舍中的水分，天气闷热时，开启风机强制通风，以达到防暑降温的目的。

（6）日常检查猪群的生长情况，把太小的猪挑出来，单独饲养。

### 三、发酵床垫料养护的注意事项

（1）通风　舍内应保证通风良好。

（2）通透性管理　应将垫料经常翻动，翻动深度 25 厘米左右，通常可以结合疏粪或补水将垫料翻匀。

（3）垫料补充　通常垫料减少量达到 10% 后就要及时补充，补充的新料要与发酵床上的表层垫料混合均匀，并调节好水分。

（4）湿度控制　垫料合适的水分含量通常为 45%～60%，应经常检查，如水分过多应打开通风口，利用空气调节湿度。床面不能太干燥，常规补水可以采用加湿喷雾补水，也可结合补菌时补水。

（5）喂料　为利于猪拱翻地面，猪的饲料喂量应控制在正常量的 80%～90%。可定时定量，亦可自由采食。

（6）温度控制　夏季翻动次数降低（7～15 天/次），冬季次数增加（5～7 天/次）。夏季如舍温过高，可采取强制通风、水帘降温、喷雾降温等措施。

（7）发酵条件　发酵条件（发酵床专用菌、通透性、营养物、湿度、酸碱度等）最优处先发酵而且快发酵，发酵条件劣处后发酵而且慢发酵。

（8）消毒　利用发酵床养猪，猪只本身很少得病，连感冒的机会都很少。但当遇到局部、地区性或全国性的大的疫病流行，或整个猪场需全面消毒处理时，则仍可进行正常消毒，正常消毒几乎不影响发酵床的工作。消毒液只是对表层部分的功能微生物有影响，不会对整个发酵床数以亿万计的功能微生物造成威胁。

（9）防疫　应用发酵床养猪技术，正常的免疫程序不可减少，特别是规模化养猪场尤为重要，但抗生素等药品的用量可逐步减少，减少量一般可达到 50% 以上，规模化猪场全部采用该项技术，正常运行半年以后，药品使用量锐减。

# 第三节　种公猪的饲养管理技术

## 一、种公猪的饲养

根据种公猪配种的强度，种公猪的饲养分为配种期饲养和非配种期饲养。配种期饲料营养水平和饲喂量均高于非配种期。不同品种的种公猪，对饲料要求大体相同。非配种期要求每千克配合饲料含消化能 13.39 兆焦，粗蛋白 14%，日饲喂量 2.0～2.5 千克；配种期要求每千克配合饲料含消化能 13.39 兆焦，粗蛋白 16%，日饲喂量 3.0～3.5 千克。在配种季节开始前 1 个月至配种结束，都要饲喂配种期饲料。

公猪饲喂应定时定量，日粮体积不宜过大，青饲料要少喂，否则腹部大，将影响到配种利用。公猪在配种旺季，除日采食量增加以外，每天还应加喂 1～2 个鸡蛋，以保持良好的精液品质，提高受胎率和产仔数。种公猪饲料要有良好的适口性，严禁使用发霉变质及有毒饲料，严禁用棉籽饼和菜籽饼饲料饲喂种公猪。

## 二、种公猪的管理

管理过程中，种公猪除应生活在清洁、干燥、空气新鲜、阳光充足、舒适的生活环境中外，还应做好以下几项工作：

（1）建立良好的生活制度　饲喂、采精（或配种）、运动、刷拭等，都应在大体固定的时间内进行，让公猪养成良好的生活习惯，以增进健康，提高配种能力。

（2）饲养方式　种公猪分为单圈和小群饲养两种方式。单圈饲养，公猪安宁，减少了外界的干扰，杜绝了相互爬跨而造成的精液损失，节约饲料。小群饲养可充分利用圈舍，节省人力，但往往引起公猪相互间咬架，且公猪配种后不能立即回群，需休息 1～2 小时，待气味消失后再归群。小群饲养应从断奶开始，成年公猪最好单圈饲养。小群饲养种公猪的利用年限较单圈饲养短。

（3）运动　加强种公猪的运动，可促进食欲，增强体质，提高繁殖机能。运动不足，会使公猪肥胖、性欲低下、四肢软弱，影响配种的效果。公猪运动可利用公猪跑道或进行驱赶，上、下午各 1 次，每次约 1 小时，里程约 2 千米。夏季运动在早、晚凉爽时进行，冬季在中午进行，如遇酷热严寒、刮风下雪等恶劣天气，则应停止户外运动。配种期适度运动，非配种期和配种准备期加强运动。

（4）刷拭和修蹄　每天定时用刷子刷拭猪体，热天结合淋浴冲洗，可保持公猪皮肤的清洁卫生，减少皮肤病和外寄生虫病的发生。另外，要注意保护猪的肢蹄，对不良蹄形进行修整，以免影响活动和配种。

（5）定期检查精液品质和称重　实行人工授精的公猪，每次采精都要检查精液品质。如采用本交，每月要检查 1～2 次，后备公猪开始使用前和由非配种期转入配种期之前，要检查 2～3 次，严防死精公猪参与配种。种公猪还应定期称重，检查饲料饲喂是否适当，以便及时调整日粮。正在生长的幼龄公猪，要求体重逐月增加，但不宜过肥。成年公猪体重应无太大变化，保持中上等膘情即可。

（6）严防公猪咬架　公猪好斗，如偶尔相遇就会咬架。公猪咬架时可迅速放出发情母猪将公猪引走，或用木板将公猪隔离，或用水猛冲公猪眼部将其撵走。当然最主要的是预防咬架，如不能及时平息，将会造成严重的伤亡事故。

（7）防寒防暑　种公猪饲养最适宜的温度为 18～20℃，冬季要防寒保温，以减少饲料消耗和疾病发生；夏季要防暑降温，高温对种公猪的影响尤为严重，轻者食欲下降、性欲降低，重者精液品质下降，甚至中暑死亡。防暑降温措施有很多，如通风、洒水、洗澡、遮阴等方法，各地可因地制宜进行。

# 第四节　种母猪的饲养管理技术

## 一、空怀母猪的饲养管理

### 1. 空怀母猪的饲养

从仔猪断奶到妊娠开始的这段时间称为空怀期，一般为 7～10 天。仔猪断奶前几天，母猪还能分泌相当多的乳汁，为防止断奶后母猪得乳腺炎，在断奶前后各 3 天应适当减料，只给一些青粗饲料充饥，使母猪尽快干乳。待乳房萎缩后再增加精料，对空怀母猪进行短期优饲，供给和妊娠后期同质同量的日粮，并加喂优质的青绿饲料，可促进母猪及时发情排卵，并提高受胎率和产仔数。母猪空怀期应喂妊娠母猪料。值得提醒的是，仔猪断奶时母猪应有 7～8 成膘，对那些哺乳后期膘情不好、过度消瘦的母猪，断奶前后可稍减料或不减料，干乳后适当多增加营养，使其恢复体况，及时发情配种。而对那些断奶前过于肥胖的母猪，断奶前后都要少喂配合饲料，多喂青粗饲料，并增加运动，使其恢复到适度膘情，及时发情配种。

2. 空怀母猪的管理

空怀母猪有单栏饲养和小群饲养两种方式。单栏饲养，即将母猪固定在栏内实行禁闭式饲养，活动范围很小，母猪后侧（尾侧）养种公猪，以促进发情。小群饲养，就是将 4～6 头同时（或相近日期）断奶的母猪养在同一栏内，栏内设有运动场，活动范围较大。实践证明，群饲空怀母猪可促进发情，特别是群内出现发情母猪后，由于爬跨和外激素的刺激，可以诱导其他空怀母猪发情，且可延长母猪的使用年限。配种员应每天早、晚两次观察记录空怀母猪的发情状况。同样，应保证空怀母猪生活在清洁、干燥、空气新鲜、温湿度适宜的生活环境中，以促进母猪正常发情和排卵。另外，还应注意观察母猪的健康状况，及时发现和治疗病原体猪。

## 二、妊娠母猪的饲养管理

从怀孕到胎儿产出的这段时间称为妊娠期。加强这一阶段母猪的饲养管理，可以最大限度地减少胚胎的死亡，使母猪产出头数多、初生重大、生命力强的仔猪，并使母猪本身保持中等以上的体膘。

### （一）妊娠母猪的饲养

妊娠母猪的饲养分前期（从配种至妊娠 80 天）和后期（从妊娠 80 天到产仔前 3 天）两个阶段进行，通常采用"前低后高"的饲喂方式，即前期饲料营养水平低，后期饲料营养水平高。也可采用"一料到底"的饲喂方式，妊娠前、后期保持同一种饲料，前期饲喂量少，后期饲喂量多。此外，妊娠母猪应多补充一些青绿饲料，以能量折算，青绿饲料可占15%～25%，这对提高妊娠母猪的繁殖性能很有帮助，变质、冰冻、带有毒性和强烈刺激性的饲料，不能用来喂养妊娠母猪，否则容易引起流产。另外，要保证饲料的相对稳定，饲料变换过于频繁，对妊娠母猪的机能也不适宜，需要注意。

### （二）妊娠母猪的管理

#### 1. 饲养方式

妊娠母猪的饲养分小群饲养和单栏饲养（图 3-1）两种。小群饲养就是将配种期相近、体重大小和性情强弱相近的 3～5 头母猪放在同一圈内饲养。到妊娠后期改为每圈饲养 2～3 头。小群饲养的优点是妊娠母猪可以自由运动，吃食时由于争抢可促进食欲；缺点是如果分群不当，胆小母猪吃食少，会影响胎儿正常的生长发

图 3-1　妊娠母猪单栏饲养

育。单栏饲养又称禁闭式饲养，妊娠母猪从空怀阶段开始到妊娠产仔前，均饲养在宽 60～70 厘米、长 2.1 米的栏内。单栏饲养的优点是吃食量均匀，没有相互间的碰撞；缺点是不能自由运动，肢蹄病较多。目前多数猪场采用小群饲养。

#### 2. 良好的环境条件

保持猪舍的清洁卫生，注意防寒防暑，有良好的通风换气设备。

#### 3. 耐心的管理

对妊娠母猪应态度温和，严禁鞭打惊吓。在妊娠的第一个月，主要是恢复母猪的体力，使母猪吃好、睡好、适当运动。1 个月之后，母猪应当有充分的运动，一般每天 1～2 小时。炎热天气注意防暑，雨雪天气停止运动。母猪跨越尿沟或门栏动作要慢，防止拥挤、急拐弯，以及在光滑泥泞的道路上运动。妊娠中后期，可适当减少运动量，或让母猪自由活动。每天要仔细观察母猪吃食、饮水、排粪尿和精神状态，及时发现和治疗疾病，特别要注意消灭易传染给仔猪的内、外寄生虫病。

### 三、哺乳母猪的饲养管理

哺乳母猪的饲养管理不仅直接关系到仔猪的存活率和断乳窝重，而且关系到本身的体况和断乳后能否正常发情，应予以高度重视。

1.哺乳母猪的泌乳规律

① 母猪乳头一般为6～8对，各乳头间互不相通，乳房没有乳池，不能随时排乳，所以，仔猪也就不可能在任何时间都能吃到母乳。

② 母猪产后60天的泌乳总量约400千克。整个泌乳期内母猪的日泌乳量不均衡，一般从产后4～5天开始上升，20～30天达到最高峰，之后逐渐下降。

③ 猪乳分初乳和常乳两种，分娩后3天内的乳为初乳，以后的为常乳。初乳中干物质、蛋白质较常乳高，而乳脂、乳糖、灰分等较常乳低，初乳中还含有大量抗体和维生素，能保证仔猪有较强的抗病力和良好的生长发育。

④ 同一头母猪不同乳头的泌乳量是不同的，前面几对乳头的泌乳量比后面的要高。

⑤ 由于母猪的乳房没有乳池，每次放奶的时间又短，所以每天的哺乳次数较多；不同泌乳阶段或同一阶段昼夜间的泌乳次数是不同的，前期的泌乳次数多于后期，夜间的泌乳次数多于白天。

2.影响泌乳量的因素

母猪泌乳量受遗传因素的影响。

① 一般大型瘦肉型或兼用型猪种的泌乳力较高，小型或产仔较少的脂肪型猪种的泌乳力较低。

② 初产母猪的泌乳量低于经产母猪，第2～3胎上升，以后保持一定水平，第6～7胎以后下降。

③ 带仔头数多的母猪泌乳量高。

④ 哺乳母猪饲料的品质、营养水平、饲喂量、环境条件和管理措施均可影响泌乳量，应给予哺乳母猪良好的饲养管理条件，做到日常工作有条不紊，以充分发挥其泌乳潜力。

3.哺乳母猪的饲养

哺乳母猪的饲料应按其饲养标准进行配合，饲料原料多样化，营养丰富，无毒性且保存良好；应注意日粮容积不宜太大，以免影响哺乳母猪的采食量；饲喂定时、定量，一般日喂 3～4 次。母猪分娩当天，因体力消耗很大，消化机能减弱，应喂给有麸皮或米糠的稀料，日喂量 2 千克，第 2 天开始喂配合料，饲喂量逐渐增多，第 5～7 天可达哺乳期饲喂量。断乳前 3 天减料，防止乳腺炎的发生。另外，哺乳母猪应保证足够的青绿饲料，一般每天加喂优质青绿饲料 3～4 千克。瘦肉型品种及其与地方母猪杂交产生的杂交一代母猪哺乳期日粮的营养需要见表 3-1，带仔多的母猪（超过 11 头）日粮营养水平不变，每天喂量每增加 1 头仔猪增加 0.3 千克，9 头以下的，每减少 1 头仔猪减少日粮 0.26 千克。

表 3-1　哺乳母猪的营养需要

| 项　目 | 瘦肉型品种 | 杂交一代母猪 |
|---|---|---|
| 消化能/（兆焦/千克） | 14.02 | 12.77 |
| 粗蛋白/% | 17 | 16 |
| 赖氨酸/% | 0.90 | 0.75 |
| 蛋氨酸＋胱氨酸/% | 0.48 | 0.41 |
| 色氨酸/% | 0.14 | 0.11 |
| 钙/% | 0.80 | 0.7 |
| 磷/% | 0.60 | 0.5 |

4.哺乳母猪的管理

（1）保持良好的环境条件　创造安静的环境，保证母猪有充分的休息。粪便及时清扫，保持圈舍清洁干燥和良好的通风。冬季注意防寒保温，产房内应有保暖设备，防止贼风的侵袭。夏季注意防暑，增设防暑降温设施，防止母猪中暑。

（2）保护母猪的乳房　母猪乳房乳腺的发育与仔猪的吸吮有很大关系，特别是头胎母猪，一定要使所有的乳头都能均匀利用，以免未被吸吮利用的乳房发育不好，进而影响泌乳量。产房地面（或产床）应平坦，防止剐伤乳房。应经常检查母猪乳房，如有损伤，及时治疗。

（3）保证充足的饮水　母猪哺乳阶段需水量大，只有保证充足清洁的饮水，才能有正常的泌乳量。产房内应设自动饮水器，保证母猪随时能饮到充足清洁的水。

（4）注意观察　饲养员要及时观察母猪吃食、排粪便、精神状态及仔猪的生长发育情况，发现异常，及时采取措施。

（5）防止乳腺炎的发生　断乳时应注意防止母猪发生乳腺炎。通常断乳前4～6天，先隔离母仔，控制哺乳时间，同时逐渐减少母猪精饲料的喂量，并适当减少饮水，使母猪和仔猪有一个适应过程，以减轻断乳应激对母仔的影响。

# 第五节　仔猪的饲养管理技术

## 一、哺乳仔猪的饲养管理

### 1.哺乳仔猪的饲养

从出生到断奶阶段的仔猪称为哺乳仔猪，哺乳期一般为35天左右。此期饲养管理的目标是：仔猪成活率高，个体大小均匀整齐，健康活泼，断乳体重大。哺乳仔猪具有生长发育快，物质代谢旺盛，同时生理发育和各种机能不完善等生理特点，尤其是哺乳仔猪消化器官不发达，消化机能不完善；出生时没有先天免疫力，免疫机能差，容易得病；体温调节适应环境的应激能力差，怕冷，特别是在寒冷的环境，不易维持正常体温，易被冻僵、冻死，故有"小猪怕冷"之说。所以，对初生仔猪保温是养好仔猪的特殊护理要求。仔猪正常体温约39℃，刚出生时所需要的环境温度为30～32℃。仔猪生后2～3周龄单靠母乳已不能满足其快速生长发育的需要，补充营养的唯一办法就是给仔猪及时补充优质饲料。补充饲料的时间应在7～10日龄开始。仔猪补料可分为调教期和适应期两个阶段。

（1）调教期　从开始训练到仔猪认料，一般需要1周左右的时间，此时仔猪开始出牙，好奇并四处活动啃食异物。补料的目的在于训练仔猪认料，锻炼仔猪的咀嚼和消化能力，并促进胃内盐酸的分泌，避免仔猪啃食异物，防止下痢。

（2）适应期　从仔猪认料到能正式吃料，一般需要10天左右的时间，补料的目的，一则供给仔猪部分营养物质，二则进一步促进消化器官适应植物性饲料。补料用饲料应是高营养水平的全价饲料，尽量选择营养丰富、容易消化、适口性好的原料配制。加工配合饲料需要良好的加工工艺，粉碎要细，搅拌要匀，最好制成经膨化处理的颗粒饲料，保证松脆、香甜等良好的适口性。哺乳仔猪饲料营养水平：消化能 14.23 兆焦/千克，粗蛋白 21%，赖氨酸 1.2%，蛋氨酸＋胱氨酸 0.65%，色氨酸 0.18%，钙 0.85%，磷 0.65%。可购买专业饲料厂生产的商品哺乳仔猪料，质量比较稳定。为预防仔猪贫血，仔猪 3～4 日龄时应补铁。补铁方法有口服和肌内注射两种。

　　2.哺乳仔猪的管理

　　(1) 使仔猪尽快吃足初乳　初乳中含有丰富的营养物质和免疫抗体，对初生仔猪有特殊的生理作用。仔猪及时吃足初乳，可增强其适应能力，促进排胎便和消化道的活动。

　　(2) 称重、打耳号　仔猪出生擦干后应立即称量个体重或窝量，初生体重的大小不但是衡量母猪繁殖力的重要指标，而且也是仔猪健康程度的重要标志。种猪场必须称量初出仔猪的个体重，商品猪场可称量窝重。为了随时查找猪只的血缘关系，便于工作和管理记录，必须要对每头猪进行编号。编号在仔猪生后称量初生体重的同时进行。编号的方法很多，以剪耳法最简便易行。

　　(3) 剪掉獠牙　仔猪生后就有成对的上下门齿和犬齿（俗称獠牙）共8 枚。在仔猪生后打耳号的同时，需要用锐利的钳子从根部切除这些牙齿，注意断面要剪平整。

　　(4) 固定乳头　仔猪有吃固定奶头的习性。为使全窝仔猪生长发育均匀健壮，应在仔猪生后 2～3 天内，进行人工辅助固定乳头。固定乳头宜让仔猪自选为主，人工控制为辅，特别是要控制个别好抢乳头的强壮仔猪。

　　(5) 防寒保温　哺乳仔猪调节体温的能力差，怕冷，寒冷季节必须防寒保温。仔猪饲养的适宜温度因日龄而异，1～3 日龄为 30～32℃，4～7 日龄为 28～30℃，8～14 日龄为 25～28℃，15～30 日龄为 22～25℃，2～3 月龄为 22℃。防寒保温的措施很多，首先是产房大环境的防寒保温，措施有堵塞风洞、加铺垫草、设暖气取暖等，使产房环境温度最好保持在 22～23℃（哺乳母猪最适合的温度）；其次是在产栏一角设置仔猪保温箱，采用红外线灯照射或其他保温措施，为仔猪创造一个温暖舒适的小环境。

（6）防压　防压措施有以下几方面：设母猪限位架，限制母猪大范围地运动和躺卧，使母猪只能先腹卧，然后伸出四肢侧卧，使仔猪有躲避的机会，以免被母猪压死；保持环境安静，产房内防止突然的响动，防止闲杂人等进入，防止因仔猪乱抢乳头造成母猪烦躁不安、起卧不定；加强管理，对母猪和仔猪要进行耐心细微的饲养管理，产房要有人看管，夜间要值班，一旦发现仔猪被压，立即哄起母猪救出仔猪。

（7）去势　商品猪场的小公猪，种猪场不能做种用的小公猪，都应在哺乳期间进行去势。

（8）寄养　仔猪寄养时要注意以下几方面的问题：实行寄养时母猪产期应尽量接近，最好不超过3～4天；后产的仔猪向先产的窝里寄养时，要挑体重大的寄养，而先产的仔猪向后产的窝里寄养时，则要挑体重小的寄养，以避免仔猪体重相差较大，影响体重小的仔猪发育；寄养母猪必须是泌乳量高、性情温顺、哺育性能强的母猪；为了使寄养顺利，可将被寄养的仔猪涂抹上所寄养母猪的奶或尿，也可将被寄养仔猪和所寄养母猪所生仔猪合关在同一个仔猪箱内，经过一定时间后同时放到母猪身边，使母猪分不出被寄养仔猪的气味。

（9）防病　对仔猪危害最大的是大肠杆菌病。预防措施有：养好母猪，加强妊娠母猪和哺乳母猪的饲养管理，保证产出体重大、健康的仔猪，保证母猪产后有良好的泌乳性能；保持猪舍清洁卫生，产房最好采取"全进全出"，前批母猪仔猪转走后，地面、栏杆、网床、空间要进行彻底的清洗，严格消毒，妊娠母猪进产房时对体表面进行喷淋刷洗消毒，临产前用0.1%高锰酸钾溶液擦洗乳房和外阴部；保持良好的环境，产房应保持适宜的温度、湿度，控制有害气体的含量；采用药物预防和治疗。

## 二、保育仔猪的饲养管理

从断奶到75日龄左右的仔猪称为保育仔猪。断奶是继仔猪出生以后生活条件的又一次大转变。保育仔猪饲养管理的主要任务是：减轻断奶应激，保证仔猪的正常生长，减少或消除疾病的侵袭，育成健壮结实的幼猪。关键的饲养管理措施是做好饲料、饲养制度及生活环境的"两维持、三过渡"，即维持在原圈管理和维持原饲料饲养，做好饲料、饲养制度和环境的逐步过渡。

### （一）保育仔猪的饲养

为使仔猪能尽快适应断奶后的饲料，减轻断奶应激，除进行早期强制性补料和断奶前减少母乳供给外，仔猪断奶期间还应逐步过渡喂保育仔猪料。具体方法是：开始时哺乳仔猪料占 70%、保育仔猪料占 30%，后改为各占 50%，再后哺乳仔猪料占 30%、保育仔猪料占 70%，经过 5～7 天过渡，最后全喂保育仔猪料。仔猪断奶后 3～5 天最好限量饲喂，平均日采食量 160 克，少食多餐，其中一次放在夜间，5 天后自由采食。因保育仔猪采食大量干饲料，常会感到口渴，需要饮用较多的水。保育仔猪栏内应安装自动饮水器，保证随时供给清洁饮水。如供水不足，不仅会影响仔猪正常的生长发育，还会因饮用污水而引起下痢。保育仔猪的饲料营养水平：消化能 14.02 兆焦/千克，粗蛋白 15%，赖氨酸 1.0%，蛋氨酸＋胱氨酸 0.54%，色氨酸 0.15%，钙 0.80%，磷 0.60%。

对保育仔猪的饲养是否适宜，可从粪便和体况的变化判断。仔猪初生时粪便为黄褐色筒状，采食后呈黑色粒状并成串，断奶时呈软而表面有光泽的长串。饲养不当，则粪便的形状、稀稠、色泽也不同。如饲料不足，则粪成粒、干硬而小；精料过多，则粪稀软或不成块；青草过多，则粪便稀、色黄绿且有草味。如粪过稀且有未消化的剩料粒，则为消化不良，遇此情况可适当减少进食量，1 日后如不改变，可结合药物治疗。

### （二）保育仔猪的管理

#### 1. 良好的环境条件

保育仔猪应生活在清洁、干燥、阳光充足、空气新鲜的环境条件中。保育仔猪适宜的环境温度为 20～22℃。为保持上述温度，冬季可以通过防止贼风、增加舍内养猪头数、安装取暖设备等方法防寒保暖。夏季可以通过喷雾、淋浴、通风等方法防暑降温，如近年来许多猪场采用纵向通风降温，效果很好。保育仔猪适宜的相对湿度为 65%～75%。

#### 2. 合理分群

仔猪断奶后头 1～2 天很不安定，经常嘶叫并寻找母猪，夜间尤甚，当听到邻圈母猪哺奶声时，骚闹更厉害。为了减轻仔猪断奶引起的不安，最好采取不调离原圈、不混群并窝的"原圈培育法",仅将母猪调走,仔猪仍留在产房适应一段时间,待其适应后再转入保育栏。如果原窝仔猪过多或过少,需要重新分群,可以根据仔猪性别、个体大小、吃食快慢进行分群,同群内体重相差不应超过 2~3 千克。对体弱的仔猪应另组一群,精心护理以促进其发育。每群的头数视猪圈面积大小而定,一般 10~20 头一圈。注意冬春季节猪群不宜过大,防止仔猪挤在一起共暖时压死弱小仔猪。仔猪合群后 1~2 天会有争斗位次的现象,应进行适当看管,防止咬伤。

3. 调教管理

刚断奶转群的仔猪采食、睡觉、饮水、排泄都没有固定位置,所以在仔猪进入新圈时就要立即开始调教,养成定点的习惯,这样做既可以减轻劳动强度,又能够保持圈舍清洁干燥,增进猪体健康。调教要根据猪的习性进行,猪一般喜欢躺卧在高处、圈角暗处,热天喜睡在风凉处,冬天喜睡在温暖处。猪排便一般多在门口、低处、湿处、圈的角落处。在喂食前或睡觉刚起来时排便。在新的环境或受惊吓时排便较勤。管理上可根据猪的这些习性来加以调教。如采用普通栏舍,调教方法是:在猪舍中间走道一端设自动食槽,另一端设自动饮水器,靠近食槽的一侧为睡卧区,另一侧为排泄区。在猪调入新栏以前,先将猪栏打扫干净,在排泄区堆放少量粪便并泼点水,然后再把猪调入新栏。如有个别猪没有在指定地点排泄时,可用小棍哄赶并加以训斥,并及时将粪便铲到指定地点,多加守候看管。这样经过几天仔猪就会养成定点采食、睡觉、饮水和排泄的习惯。

4. 防止僵猪的发生

猪在生长发育的过程中,由于饲养管理和疾病等因素的影响,会出现被毛粗乱、精神呆滞、曲背拱腰、体小瘦弱、生长停滞的"僵猪",这样的猪光吃不长,会给生产造成损失。僵猪形成的原因很多,如胚胎期发育不良、初生体重小而导致的发育僵;哺乳期没有吃好初乳或母乳不足而导致的奶僵;被饲过晚或不当而导致的断奶僵;饲料营养不完全导致的料僵;仔猪患病而导致的病僵。其他如近亲交配、圈舍阴冷潮湿等也都能形成僵猪。僵猪的形成有些是受单一因素的影响,但大部分是多种因素综合影响的结果。

在生产实践中，为防止僵猪的发生，必须采取以下综合防治措施：加强母猪妊娠期和哺乳期的饲养，保证仔猪胎儿期正常生长发育，哺乳期吃到充足母乳；仔猪出生后固定乳头哺乳，提早补料，可提高仔猪断奶重和整齐度；过好断奶关，做到饲料、饲养制度、生活环境的"两维持、三过渡"；注意饲料的多种搭配，保证各种养分充足均衡供给；搞好圈舍环境卫生，做到冬暖夏凉；做好防疫工作，定期驱除体内、外寄生虫；防止近亲交配，不断更新猪群，及时淘汰老弱和哺乳性能差的母猪，提高猪群质量。对已形成的僵猪，要根据僵猪出现的年龄、季节及饲养状况等具体分析，找出原因，排除致僵因素，单猪饲养，个别照顾。对哺乳期的奶僵，可采取寄养办法，让其多吃母乳恢复发育。

5.仔猪网床培育

仔猪网床培育是养猪先进国家 20 世纪 70 年代发展起来的一项现代化仔猪培育新技术，我国于 80 年代后期开始在规模猪场试验，成功后，在全国进行推广。它使仔猪培育由地面猪床饲养转变为网床上饲养。与地面培育相比，仔猪网床培育有许多优点：一是仔猪离开地面，减少了冬季地面传导散热的损失，提高了饲养温度；二是粪尿、污水随时通过漏缝网格漏到粪尿沟内，减少了仔猪接触污染源的机会，床面干燥清洁，可有效遏制仔猪腹泻的发生和传播；三是哺乳母猪饲养在产仔架内，减少了压踩仔猪的机会。所以，网床培育仔猪对提高仔猪的成活率、生长速度和饲料利用率效果显著。

# 第六节　后备猪的饲养管理技术

保育期结束到初次配种前是后备猪的培育阶段。后备猪培育的任务是获得体格健壮、发育良好、具有品种典型特征和高度种用价值的种猪。

## 一、后备猪的饲养

后备猪饲养既要保证后备猪良好的生长发育，又要适当控制其体重的高速增长，以免过肥而发生繁殖障碍。因此，要根据后备猪不同生长发育阶段的营养需要来配制全价日粮。一般采用"前高后低"的营养水平。有条件的猪场还可在配合日粮的基础上饲喂些品质优良的青绿多汁饲料。饲喂方法上宜采用定时定量的限制饲养法，80 千克以前日喂量占其体重的2.5%～3.0%，80 千克以后日喂量占其体重的 2.0%～2.5%。因猪的食欲一般傍晚最盛，早晨次之，中午最弱，在夏天这种趋向更为明显，所以在一天内每次的给料量可按下列大致比例分配：早晨 35%，中午 25%，傍晚 40%。饲喂是否得当，可根据后备猪粪团的形状来判断，正常的粪团应该较粗且量多，若粪团直径很小，则表明不是后备猪过肥就是饲料量不足。

瘦肉型品种和含地方品种血缘的杂交一代母猪后备猪营养水平见表 3-2。

表 3-2  瘦肉型品种和含地方品种血缘的杂交一代母猪后备猪营养水平

| 项　目 | 瘦肉型品种 | | | 杂种一代母猪 | | |
|---|---|---|---|---|---|---|
| | 3～4 月龄 | 5～6 月龄 | 7～8 月龄 | 3～4 月龄 | 5～6 月龄 | 7～8 月龄 |
| 消化能/(兆焦/千克) | 13.89 | 13.81 | 12.14 | 12.56 | 12.35 | 11.30 |
| 粗蛋白/% | 17 | 14 | 13 | 16 | 14 | 13 |
| 赖氨酸/% | 0.90 | 0.70 | 0.55 | 0.75 | 0.60 | 0.45 |
| 蛋氨酸＋胱氨酸/% | 0.48 | 0.38 | 0.30 | 0.41 | 0.32 | 0.24 |
| 色氨酸/% | 0.14 | 0.11 | 0.08 | 0.11 | 0.09 | 0.07 |
| 钙/% | 0.80 | 0.70 | 0.60 | 0.70 | 0.60 | 0.50 |
| 磷/% | 0.60 | 0.50 | 0.40 | 0.50 | 0.40 | 0.30 |

瘦肉型母猪 7～7.5 月龄每天限量喂 2.3～2.5 千克，并多供应青饲料。如 8 月龄配种，7.5 月龄后改喂妊娠母猪料，实行短期优饲；如 9 月龄配种，则在 8.5 月龄后改喂妊娠母猪料。含地方品种血缘的杂交一代母猪同样在配种前半个月实行短期优饲，改喂妊娠母猪料。

## 二、后备猪的管理

### 1. 分群

为使后备猪生长发育均匀整齐，可根据性别、个体大小、吃食快慢分成小群饲养，每群的头数视猪圈大小而定，一般每栏 8～10 头（图 3-2）。

2. 运动

运动对后备猪非常重要，既可锻炼体质，促进骨骼和肌肉正常发育，保持匀称结实的体形，防止后备猪过肥或肢蹄不良，又可增强性活动能力，防止发情失常。

3. 调教

后备猪从小要加强调教管理。首先，对后备猪态度要温和，严禁鞭打

图 3-2　后备猪限位栏

惊吓，建立起人和猪的和睦关系。其次，要训练后备猪良好的生活规律，规律性的生活有利于猪的生长发育。

4. 定期称重

后备猪应每两个月称重一次，6月龄时加测体尺。以此来比较后备猪生长发育的优劣，适时调整饲料营养水平和饲喂量，达到品种发育要求。

5. 日常管理

后备猪需要防寒保温、防暑降温以及清洁卫生的环境条件。后备公猪达到性成熟后，应实行单圈饲养、强迫运动，这样做既可以保证食欲，增强体质，又可以避免造成自淫的恶癖。

# 第七节　育肥猪的饲养管理技术

育肥猪生产的目的在于用最少的饲料和劳动力，在尽可能短的时间内，获得成本低、数量多而质量好的猪肉。

## 一、影响猪育肥的因素

1. 品种和类型

由于猪的品种和类型的形成及培育条件的差异，猪种间的经济性状及人们对肉猪产品要求的不同，各品种和类型的育肥性能和胴体品质均有差异。

2.经济杂交

猪的品种和品系间采用经济杂交，利用杂种优势，可有效提高育肥效果。杂交后代生活力增强，生长发育加快，育肥时日增重提高，育肥期缩短，饲料利用率提高，饲养成本降低。

3.性别

性别对育肥效果的影响，已为我国长期的养猪实践所证实。含地方血缘的公、母猪经去势后育肥，性情安静，食欲增进，增重速度提高，脂肪沉积增强，肉的品质改善。试验证明，阉公猪的增重比未阉者高，阉母猪的脂肪比未阉者多，饲料利用率和屠宰率都较未阉者高。至于阉公、母猪间日增重和脂肪产量等相差不大。瘦肉型品种的母猪在未达性成熟时已达出栏体重，可以不经去势而育肥；而公猪体内含有雄性激素等物质，有膻味，影响肉的品质，故育肥时需去势。

4.体重和整齐度

在正常情况下，仔猪初生和断奶时的体重与育肥效果呈正相关。初生体重和断奶重大，育肥期增重快，饲料消耗少，育肥效果好。俗话说"初生差1两，断奶差1斤，出栏差10斤。"现代化养猪生产中，肉猪基本要求原窝群饲，为了提高肉猪的生产效率和猪舍的利用率，必须在强调个体重的同时，提高全窝的整齐度。

5.营养和饲料

营养水平对育肥效果影响极大，各种营养物质缺一不可。一般来说，在日粮中蛋白质、必需氨基酸水平相同的情况下，能量摄取越高，日增重越快，饲料利用率越高，背膘越厚，胴体脂肪含量也越高。在一定范围内，当能量和氨基酸都满足需要的条件下，随着蛋白质水平的提高，日增重加快，饲料转化率提高，而蛋白质水平超过17%时，日增重不再提高，但瘦肉率提高（由于用提高蛋白质水平来提高瘦肉率不经济，故育肥猪蛋白质水平一般不超过17%）。要特别注意氨基酸的平衡供应。矿物质、维生素对育肥效果也有很大影响。

饲料是猪营养物质的直接来源，各种饲料所含的营养物质不同，因此，多种饲料配合才能组成营养完善的日粮。饲料对胴体脂肪品质影响很大，如多给大麦、小麦、甘薯等淀粉类饲料，由于体脂由碳水化合物合成，含有大量饱和脂肪酸，因而具有白色、坚硬的性状。而米糠、玉米、豆饼、亚麻饼、鱼粉、蚕蛹等均由于本身脂肪含量较高，且多为不饱和脂肪酸，在育肥后期大量喂猪，不仅影响脂肪硬度，且易产生软的体脂，影响肉的味道和色泽。

6. 环境条件

（1）温度和湿度　俗话说"小猪怕冷，大猪怕热"，不同体重的猪要求的适宜温度是不一样的。研究证明，11～45千克活重的猪最适宜的温度是21℃，而45～100千克时为18℃，135～160千克时为16℃。单从温度来评价对育肥效果的影响是困难的，它随环境湿度而产生影响，高温高湿造成的影响最大，如温度适当，湿度对育肥猪的增重不起直接作用。发酵床育肥猪可起到冬季增温保暖的作用，提高育肥效果（图3-3）。

图3-3　发酵床育肥猪舍

（2）密度　在超过合理密度的情况下，密度过大，圈内温度上升，猪的采食量减少，饲料利用率和日增重下降；反之，密度不够，体热散失较多，采食量增加，用于维持需要的热能较大，日增重减少。一般以每头育肥猪占圈1～1.2平方米，每圈10～12头为宜。

（3）光照　光照对育肥效果的影响不大。

## 二、育肥猪的饲养管理

1. 合理分群

来源不同的猪合群时，常会出现激烈的咬架、相互攻击、争斗、分群躺卧等现象。同一猪群内，体重大或体质较强者常常占优势，体重小或体质较弱的常常处于劣势。同一猪群个体间增重的差异，约有13%是由群居秩序不同造成的。育肥猪分群时，把来源、体重、体质、性格和吃食等方面相近的猪合群饲养，小猪阶段群内体重差异不宜超过2～3千克。分群后要保持猪群的相对稳定，除因疾病、体重差别过大或体质过弱而加以调整外，不应任意变动。并群时采取"留弱不留强""拆多不拆少""夜并昼不并"等办法，即把较弱的猪留在原圈，把较强的猪并进去；或把较少的群留在原圈，把猪多的群并进去；或将两群猪并群后赶入另一圈内，且并群最好在夜间进行。

2.饲料调制和饲喂

饲料调制的要求是缩小饲料容积，增进适口性，提高饲料效率。全价配合饲料加工调制后，分为颗粒料、干粉料和湿拌料三种饲料形态，颗粒料优于干粉料，湿喂优于干喂。料水比例为 4：1 的水拌料，较适于管道输送，自动给食。在自由采食、自动饮水条件下，饲喂干粉料可大大提高劳动生产率。饲喂颗粒饲料，30 千克以下的幼猪，颗粒直径以 0.5～1.0 毫米为宜，30 千克以上的颗粒直径以 2～3 毫米为宜。颗粒料饲喂，便于投食，损耗少，不易发霉，并能提高营养物质的消化率，但价格昂贵，成本高。

饲喂方法分自由采食和限量饲喂两种。试验表明，前者日增重高，背膘较厚；后者饲料转化率高，背膘较薄。如果前期自由采食，后期限量（能量）饲喂，则全期日增重高，胴体脂肪也不会沉积太多。限量饲喂的饲喂次数，应根据饲料形态、日粮中营养物质的浓度以及猪的年龄和体重而定。日粮营养物质浓度不高，容积大，可适当增加饲喂次数；相反，则可适当减少饲喂次数。在小猪阶段，饲喂次数可适当增加，以后逐渐减少。

商品肉猪饲料营养水平见表 3-3。

表 3-3 　商品肉猪饲料营养水平

| 项　　目 | 瘦肉型杂交肉猪 | | | 含地方品种血缘的三元杂交肉猪 | | |
|---|---|---|---|---|---|---|
| | 前期 | 中期 | 后期 | 前期 | 中期 | 后期 |
| 消化能/(兆焦/千克) | 13.81 | 13.39 | 12.98 | 13.39 | 13.81 | 11.72 |
| 粗蛋白/% | 16 | 15 | 14 | 16 | 15 | 14 |
| 赖氨酸/% | 0.85 | 0.75 | 0.60 | 0.80 | 0.70 | 0.55 |
| 蛋氨酸＋胱氨酸/% | 0.46 | 0.41 | 0.32 | 0.43 | 0.38 | 0.30 |
| 色氨酸/% | 0.13 | 0.11 | 0.09 | 0.12 | 0.11 | 0.08 |
| 钙/% | 0.80 | 0.70 | 0.65 | 0.70 | 0.60 | 0.50 |
| 磷/% | 0.60 | 0.50 | 0.45 | 0.50 | 0.40 | 0.30 |

3. 供给充足清洁的饮水

育肥猪的饮水量随着环境温度、体重、饲料形态和采食量不同而变化。一般说来，冬季其正常饮水量约为采食饲料风干重的 2～3 倍，或体重的 10%左右，春、秋季约为 4 倍或体重的 16%，夏季约为 5 倍或体重的 23%。饮水的设备以自动饮水器最佳。应注意的是，不应用过稀的饲料来代替饮水，饲喂过稀的饲料，一方面会减弱猪的咀嚼功能，冲淡消化液，影响消化，另一方面也减少饲料采食量，影响增重。

4. 调教

调教猪只养成在固定地点排便、睡觉、进食和互不争食的习惯，不仅可简化日常管理工作，减轻劳动强度，还能保持猪舍的清洁干燥，营造舒适的居住环境。

要做好调教工作，首先要了解猪的习性和生活规律。调教重点抓好两项工作：第一，限量饲喂要防止强夺弱食。当调入新圈时注意让所有猪都能均匀采食，除了要有足够长度的饲槽外，对喜争食的猪要勤赶，使不敢采食的猪都能采食，帮助其建立群居秩序，分开排列，同时采食。第二，固定地点，使其吃食、睡觉、排便三角定位，保持猪圈干燥清洁。通常运用守候、勤赶、积粪、垫草等方法单独或交错使用进行调教。例如，在调入新圈时，把圈栏打扫干净，将猪床铺上少量垫草，饲槽中放入饲料，并在指定排便处堆放少量粪便，然后将猪赶入新圈。有些猪不在指定地点排便，应将其散拉在地面的粪便铲在粪堆上，并结合守候和勤赶，很快这些猪就会养成三角定位的习惯。积粪固定排便调教无效时，利用猪不喜睡卧潮湿处的习性，可用水积聚于排便处进行调教。做好调教工作，关键在于抓得早（当猪群进入新圈时应立即抓紧调教）、抓得勤（勤守候、勤赶、勤调教）。

5. 去势

目前我国集约化养猪生产中，供育肥用的小母猪一般不去势，公猪因含有雄性激素，有难闻的膻气味，影响肉的品质，通常采用早期去势。一般多在 35 日龄左右、体重 5～10 千克时进行。

6. 饲养方法

根据肉猪生长发育规律，人们将整个饲养期分成两个阶段，即前期

20～60 千克，后期 60～100 千克或以上；或分成三个阶段，即前期 20～35 千克，中期 35～60 千克，后期 60～100 千克。不同阶段其营养需要不同，采用不同营养水平和饲喂技术，使之能充分地生长发育，以获得较高的日增重。在后期为防止脂肪过度沉积和提高瘦肉率，可限量饲喂或降低日粮能量浓度。

# 第（四）章 ——》
# 猪的营养特性

## 第一节　概述

　　长期以来，养猪业一直在风雨中飘摇，广大养猪户片面追求利润，忽略了营养的搭配、科学的配合饲料，结果造成猪生长发育不良和疫病的增多，反而降低了养殖效益。80%的疾病和90%的生产性能下降与免疫功能失调有关，营养的作用通过影响免疫功能实现，营养决定健康。饲料成本占养殖成本的70%左右，科学降低饲料成本是养殖赢利的必由之路。而降低饲料成本必须在保证品质的情况下，以科学的方法来实现。大多养殖户由于缺乏营养知识，对饲料和饲料原料的品质缺乏辨别能力，往往在降低价格的同时，降低了质量，反而增加了使用成本。

## 第二节　猪的消化特点

　　猪是杂食动物，其消化道结构同单胃动物，但它不同于马属家畜，盲肠不发达，也称盲肠无功能家畜。猪的上唇短而厚，与鼻连在一起构成坚强的吻突（即鼻吻），能掘地觅食；猪的下唇尖小，活动性不大，但口裂很大，牙齿和舌尖露到外面即可采食。猪具有发达的犬齿和臼齿，靠下颌的上下运动将坚硬的食物嚼碎。猪的唾液腺发达，能分泌较多的含淀粉酶的唾液，淀粉酶的活性比马、牛强14倍。唾液除能浸润饲料便于吞咽外，还能将少量的淀粉转化为可溶性糖。猪舌长而尖薄，主要由横纹肌组成，表面有一层黏膜，上面形成有不规则的舌乳头，大部分的舌乳头有味蕾，能辨别口味。食物经消化道很快进入胃。猪胃的容积约 7～8 升，是介于肉食动物的简单胃与反刍动物的复杂胃之间的中间类型，胃有消化腺，不断分泌含有消化酶与盐酸的胃液，分解蛋白质和少量脂肪。食物经胃中消化，变成流体或半流体的食糜。食糜随着胃的收缩运动逐渐移向小肠。猪的小肠很长，达 18 米左右，是体长的 15 倍，容量约为 19 升。小肠内有肠液分泌，并含有胰腺分泌的胰液和胆囊排出的胆汁，食糜中营养物质在消化酶的作用下进一步消化。随着小肠的蠕动，剩余食糜进入大肠。猪的大肠约为 4.6～5.8 米，包括盲肠和结肠两部分。猪的盲肠很小，几乎没有任何功能，只是结肠微生物对纤维素有一定的消化作用，大肠内未被消化和吸收的物质，逐渐浓缩成粪从肛门排出体外。

## 一、胃的消化

胃壁黏膜的主细胞分泌蛋白酶、凝乳酶、脂肪酶，壁细胞分泌盐酸。饲料中的蛋白质经胃蛋白酶分解为蛋白和蛋白胨，脂类在胃脂酶的作用下产生乙酸甘油酯和短链脂肪酸。胃液中不含消化糖类的酶，对糖类没有消化作用。

## 二、小肠内的消化吸收

小肠是猪消化吸收的主要部位，几乎所有消化过程都是在小肠中进行的。糖类在胰淀粉酶、乳糖酶、麦芽糖酶、葡萄糖淀粉酶的作用下分解为葡萄糖被吸收。胃中未被分解的蛋白质经胰蛋白酶和肠蛋白酶继续分解为氨基酸，经肠壁吸收进入血液。脂类在胆汁、胰脂肪酶和肠脂肪酶的作用下，分解为脂肪酸和甘油被吸收。

## 三、大肠内的消化吸收

进入大肠的物质，主要是未被消化的纤维素以及少量的蛋白质。大肠黏膜分泌的消化液含消化酶很少，其消化作用主要靠随食糜来的小肠消化液和大肠微生物作用。蛋白质受大肠微生物作用分解为氨基酸和氨，并转化为菌体蛋白，但不再被吸收。纤维素在胃和小肠中不发生消化作用，在结肠内由微生物分解成挥发性脂肪酸和二氧化碳，前者被吸收，后者经氢化变为甲烷由肠道排出。猪大肠的主要功能是吸收水分。猪大肠对纤维的消化作用既比不上反刍家畜的复胃，也不如马、驴发达的盲肠。因此，猪对粗纤维的消化利用率较差，而且日粮中粗纤维的含量越高，猪对日粮的消化率也就越低。猪、牛、马的采食量、消化速度和日粮中粗纤维含量与日粮消化率的比较见表 4-1、表 4-2。

表 4-1 猪、牛、马采食量和消化速度比较

| 项目 | 猪 | 牛 | 马 |
|---|---|---|---|
| 每 100 千克体重的干物质需要量/千克 | 4.5 | 2.5 | 2.0 |
| 饲料通过消化道的时间/时 | 30～36 | 168～192 | 72～96 |

表 4-2 猪、牛、马日粮中粗纤维含量与日粮消化率的关系

| 粗纤维含量/% | 消化率/% | | |
|---|---|---|---|
| | 猪 | 牛 | 马 |
| 10.1～15.0 | 68.9 | 76.3 | 81.2 |
| 15.1～20.0 | 65.8 | 73.3 | 74.4 |
| 20.1～25.0 | 56.0 | 72.4 | 68.6 |
| 25.1～30.0 | 44.5 | 66.1 | 62.3 |
| 30.1～35.0 | 37.3 | 61.0 | 56.0 |

# 第三节 猪的营养需求

## 一、蛋白质

蛋白质能更新动物体组织和修补被损坏的组织，可组成体内的各种活性酶、激素、体液和抗体等。缺乏蛋白质，动物产品生产量下降，或机体生长受阻；易导致贫血，降低抗体在血液中的含量，损害血液的健康和降低动物的抗病力；可造成繁殖障碍，出现发情不正常，妊娠期出现死胎；仔猪生后体弱、生命力不强，母猪产后泌乳力变差甚至无奶，公猪精液质量下降。

1.蛋白质的组成

蛋白质是以氨基酸为基本结构单位的高分子含氮有机化合物，它主要

由碳、氢、氧、氮四种元素组成，此外还含少量的硫、磷和铁等元素。饲料中的蛋白质是含氮化合物的总称，一般称为粗蛋白质，由蛋白质、氨基酸、含氮有机物和氨化物等组成。由于蛋白质的平均含氮量为 16%，所以将饲料含氮量乘以 6.25（100/16＝6.25）即为饲料中粗蛋白质的含量。

**2.蛋白质的营养作用**

（1）蛋白质是机体组织和细胞的主要组成成分　蛋白质不但是细胞质、细胞核、细胞膜的主要组成成分，而且是机体的一切器官，如肌肉、神经、皮肤、血液、内脏、骨骼的组成成分。精子和卵子的产生，需要蛋白质；新陈代谢过程中所需的酶、激素、色素和抗体等，都是由蛋白质构成的。

（2）蛋白质是修补及更新体组织的必要物质　家畜机体组织器官的蛋白质通过新陈代谢能不断更新。研究表明，畜体内的蛋白质约 6～7 个月可更新一半。

（3）蛋白质可以在机体内转化供能　当日粮中碳水化合物、脂肪含量和机体需要的热能不足时，体内的蛋白质可以氧化分解产生热能；而饲料中的蛋白质过多时，又会在肝脏、血液和肌肉中贮存或转化为脂肪贮积起来，以备营养不足时利用。但这种过程在生产上是不可取的，既不经济，甚至还对畜体健康有害。

（4）蛋白质是形成畜产品的主要成分　无论肉、奶、皮、毛等畜产品，都以蛋白质为主要组成成分。

（5）当饲料中蛋白质供应不足时，可能产生各种缺乏症　猪血液中的血红蛋白和血浆蛋白含量降低，易导致贫血；血液中抗体的含量降低，使猪的抗病力减弱；母猪和公猪繁殖力降低，母猪发情表现不正常，妊娠期易出现死胎，产后母猪泌乳力差；仔猪体弱；公猪精液品质下降。

## 二、脂肪

脂肪在猪体内的主要功能是氧化供能。除供能外，多余部分可蓄积在猪体内。此外，脂肪还是脂溶性维生素和某些激素的溶剂，饲料中含一定量的脂肪时有助于这些物质的吸收和利用。脂肪同碳水化合物一样，在猪体内的主要功能是氧化供能，脂肪的能值很高，所提供的能量是同等重量碳水化合物的两倍以上。

1．脂肪的化学组织结构

脂肪主要由脂肪酸和甘油组成。饲料中的脂肪是指在饲料分析时，所有能够用乙醚剔除的物质，除脂肪外还包括类脂化合物、色素等，因此称为粗脂肪或乙醚浸出物。脂肪酸又可分为饱和脂肪酸和不饱和脂肪酸，一般植物性脂肪含不饱和脂肪酸，而动物性脂肪主要含饱和脂肪酸。含不饱和脂肪酸的脂肪常呈液体状态，含饱和脂肪酸的脂肪呈凝结状态。

2．脂肪的营养作用

（1）脂肪是热能来源的重要原料　饲料中的脂肪被吸收经氧化可产生能量，供机体生命活动需要。脂肪的产热效率是同量碳水化合物的 2.25 倍。当饲料中供给的能量不足时，猪体内所贮存的脂肪就要被动用。在一般情况下，猪体主要从饲料中的碳水化合物中获得能量。

（2）脂肪是猪体组织细胞的重要组成部分　猪体内的神经、肌肉、骨骼、血液、皮肤等组织均含有脂肪，各种组织的细胞膜都是由蛋白质和脂肪组成的。

（3）脂肪是必需脂肪酸的来源　亚油酸、亚麻油酸和花生油酸在猪体内不能合成，且对幼龄猪的生长发育非常重要，必须由饲料供给，这类脂肪酸叫作必需脂肪酸。猪对脂肪的需要量很少，一般不会缺乏，只有当日粮中的脂肪含量低到 0.06％时，才会出现皮肤发炎、脱毛、甲状腺肿大等症状。猪饲料中的脂肪含量一般保持到 1％～5％即可。

（4）脂肪是脂溶性纤维和激素的载体　饲料中纤维素 A、维生素 D、维生素 E 和维生素 K 被采食后，只有溶解在脂肪中，才能被猪消化吸收利用。同时，一些生殖激素如雌素酮、睾酮等必须有脂肪参与才能发挥作用。

（5）猪体内的脂肪是一种很好的绝缘物质　皮下脂肪可以防止猪体内的热量损失。脂肪在禾谷类籽实中约含 1％～5％，饼粕中约含 5％～7％，秸秆中约含 1％～4％，一般配合饲料完全能满足猪对脂肪的需要，不必要考虑补加。早期断奶的仔猪饲喂人工代乳品时，容易患脂肪酸缺乏症，应适当添加脂肪，一般以 5％为宜。

### 三、碳水化合物

饲料中的碳水化合物由无氮浸出物和粗纤维两部分组成。无氮浸出物的主要成分是淀粉，也有少量的简单糖类。无氮浸出物易消化，是植物性饲料中产生热能的主要物质。粗纤维包括纤维素、半纤维素和木质素，总的来说难于消化，过多时还会影响饲料中其他养分的消化率，故猪饲料中粗纤维含量不宜过高。当然，适量的粗纤维在猪的饲养中还是必要的，除能提供部分能量外，还能促进胃肠蠕动，有利于消化和排泄，且具有填充作用，使猪具有饱感。

1.碳水化合物的组成

碳水化合物由碳、氢、氧三种元素组成，其中氧和氢的比例为1：2，与水中氧氢比例相同，故由此得名。碳水化合物包括无氮浸出物和纤维素，无氮浸出物又称可溶性碳水化合物，主要包括淀粉和糖类，是植物籽实的主要成分。粗纤维由纤维素、半纤维素和木质素等组成，是细胞壁的主要成分。

2.碳水化合物的营养作用

（1）碳水化合物的主要来源　饲料中的碳水化合物在体内经过生理氧化作用，分解出二氧化碳和水，同时产生热能，是猪进行呼吸、运动、循环、消化、吸收等各种生命活动的能源。

（2）碳水化合物是形成猪体组织的不可缺少的成分　猪体吸收的葡萄糖可转成核糖、半乳糖和乳糖等，以构成体细胞和体液。

（3）碳水化合物是生产脂肪的原料　碳水化合物可转化成体脂肪和乳脂肪。肌肉组织中含有一定的脂肪，并在肌纤维间形成大理石纹，可提高肉的品质。

### 四、维生素

维生素是饲料所含的一类微量营养物质，在猪体内既不参与组织和器官的构成，又不氧化供能，但它们却是机体代谢过程式中不可缺少的物质。维生素分为脂溶性维生素和水溶性维生素两大类，脂溶性维生素包括维生素 A、维生素 D、维生素 E、维生素 K；水溶性维生素包括维生素 C、

维生素 $B_1$、维生素 $B_{12}$、维生素 $B_2$ 和其他酸性维生素。日粮中缺乏某种维生素时，猪会表现出独特的缺乏症状。

1. 维生素 A

（1）化学特性　又叫抗干眼病维生素，是一种淡黄色晶体，缺氧时性质稳定，有氧时能迅速分解，高温和紫外线照射时易受破坏。

（2）主要功能　维生素 A 的主要功能是促进机体细胞的增殖和生长，保护各器官上皮细胞结构完整，维持正常视力，促进机体生长发育及骨的生长，以及参与性激素的形成等。

（3）主要缺乏症　当家畜饲料缺乏维生素 A 时，所出现的症状目前所知的可达 50 种以上，典型的症状是眼干燥症、眼结膜及上皮组织角质化和夜盲症；幼畜缺乏后，生长停滞，活力下降，下痢消瘦甚至死亡；种畜缺乏后，受胎率下降，发生流产、难产或产死胎、弱胎。

（4）来源　具有活性的维生素 A 仅存在于动物体内，特别在肝脏中贮存较多，成年猪可以在机体内贮存大量维生素 A，但是新生仔猪必须由初乳和乳中获取所需要的几乎全部维生素 A。在动物性饲料中，以鱼粉含维生素 A 最多，而肉粉、肉骨粉或动物加工副产品含量都不高。维生素 A 原在动物性饲料中含量很低，但是大量存在于黄色和绿色植物饲料中。黄玉米及其副产品（如玉米面），含有大量的维生素 A 原，白玉米、大麦、小麦等谷物中基本不含维生素 A 原。生长期的绿色植物，如苜蓿，维生素 A 原含量很高，收割后制成苜蓿草粉时，尽管在阳光下暴晒有相当一部分维生素 A 原被破坏，但仍保持有大量的维生素 A 原。由于胡萝卜素和维生素 A 暴露在空气中、光线中或遇热很快会被破坏，因此，配制的维生素 A 添加剂必须在 1 个月内使用完，最长不得超过 3 个月，并应贮存在低温、通风和光线不强的仓库内。

2. 维生素 D

（1）化学特性　维生素 D 属类固醇衍生物，有许多异构体，如维生素 $D_2$、维生素 $D_3$、维生素 $D_4$、维生素 $D_5$、维生素 $D_6$ 等，对动物起重要作用的只有维生素 $D_2$ 和维生素 $D_3$。维生素 D 耐热，不易被氧化。

（2）主要功能　参与钙磷代谢调节，增加钙磷吸收，促进骨骼和牙齿的正常生长发育。

（3）主要缺乏症　缺乏维生素D时，就会影响与输送钙有关的蛋白质载体在肠壁中的吸收，从而影响钙的吸收；由于血钙水平下降，促进甲状旁腺素分泌增加，减弱肾小管对磷的重吸收而增加磷的排出，进而造成磷的缺乏。所以，如果缺乏维生素D，即使钙、磷充足，仍然不能在骨骼中很好地沉积。导致仔猪发生佝偻病和软骨症，牙齿发育不良，生长受阻，成年猪易发生骨质疏松症，母猪易产死胎或弱仔。

（4）来源　维生素D在动、植物体内均可合成，植物和酵母中的维生素 $D_2$ 原（麦角固醇）经阳光或紫外线照射就会转化为维生素 $D_2$，在动物皮下存在的7-脱氢胆固醇，经阳光或紫外线照射，可转化为维生素 $D_3$，所以猪通常不会发生维生素D缺乏症。但是，猪在密闭式的饲养条件下，则必须注意在饲料中添加维生素D。如果钙、磷不足，过量添加维生素D，不但不能弥补这两种矿物质的短缺，而且可能引起维生素D中毒。除晒制的干草，动物的肝脏、鱼肉、蛋黄及鱼粉，几乎所有的饲料都缺少维生素D。目前制作的维生素D添加剂主要来源是人工合成的维生素 $D_2$ 和维生素 $D_3$。

3. 维生素E

（1）化学特性　维生素E是一类具有生物化学特性、结构相同的酚类化合物，又名生育酚，其中以 $\alpha$-生育酚的活性最强，为淡黄色油状液体（或粉末状产品），性质很不稳定，极易氧化，若有矿物质或高级脂肪酸存在时，更易氧化。因此，日粮中极易缺乏维生素E，而在动物体内可以防止易氧化物质被氧化。

（2）主要功能　维持机体正常生殖机能；与硒协同作用，维持细胞膜结构和肌肉的完整；有抗氧化作用，能防止体内贮存的维生素A发生氧化。

（3）主要缺乏症　猪缺乏维生素E时，主要表现为：生殖机能减退，精子数量减少，不孕，流产，丧失生育能力；肌肉、神经、血管病变，与缺乏微量元素硒一样出现白肌病、营养型肝机能障碍和脂肪组织黄褐色病变。

（4）来源　维生素E在自然界中分布很广，广泛存在于植物籽实的胚和胚油以及青绿多汁饲料和良好的青干草中，但在加工和贮存过程中极易被氧化破坏,经常发生维生素 E 缺乏现象,在配合饲料中应注意添加。特别是饲料中硒和不饱和脂肪酸的含量水平低,以及其他氧化物存在时,应加大添加量。

4.维生素 K

(1)化学特性 维生素 K 是甲萘醌及其所有在饲喂缺乏维生素 K 日粮的动物体内具有抗出血活性的衍生物的总称。维生素 K 耐热,极易被光破坏。

(2)主要功能 维生素 K 的主要功能是催化肝脏中凝血酶原以及凝血活素的合成,具有凝血作用,防止动物受伤时流血不止。

(3)主要缺乏症 维生素 K 缺乏时,可导致皮下肌肉广泛出血,外伤的凝血时间延长或出血不止,甚至导致死亡。

(4)来源 维生素 $K_1$ 在青绿饲料和青干草中含量较丰富,而在谷物饲料和动物性饲料中含量很少。虽然家畜胃、肠道中的微生物能合成维生素 $K_2$,但猪只有大肠部能合成,合成量极少,不能满足猪的需要,特别是仔猪的饲料要补充维生素 K。只有水溶性的维生素 $K_3$ 用作猪的日粮添加剂。畜禽对维生素 K 需要量为 0.5~1 微克/千克。

5.维生素 $B_1$(硫胺素)

(1)化学特性 在酸性条件下耐热,在碱性条件下易被破坏。

(2)主要功能 维生素 $B_1$ 又叫硫胺素或抗神经炎维生素。它是畜禽能量代谢中辅酶的主要成分,参与碳水化合物和蛋白质代谢过程中 α-酮酸的氧化脱羧反应,末梢神经的兴奋传导也必须有维生素 $B_1$ 参加。它又可促进畜禽生长发育,维持神经、消化、肌肉及循环系统的正常机能,促进食欲等。

(3)主要缺乏症 维生素 $B_1$ 缺乏时,碳水化合物就不能进行正常代谢,丙酮酸和乳酸在体内聚集,造成血液循环、神经和消化系统等机能障碍,患猪食欲不振,生长缓慢。

(4)来源 维生素 $B_1$ 在饲料中分布比较广泛,谷物、麦麸、青干草和青绿饲料都含有一定数量。值得注意的是,生鱼和软体动物内脏中含有硫胺素酶,能使维生素 $B_1$ 失活,所以要煮熟后才能喂猪。猪的维生素 $B_1$ 需要量为 1~1.5 毫克/千克。

6.维生素C

（1）主要功能　维生素C又叫抗坏血症维生素或抗坏血酸，参与细胞间质的生成及体内氧化还原反应，并有解毒作用。由于它能促进肠道内铁的吸收，所以在治疗贫血症时，常用它作辅助药物。

（2）主要缺乏症　当维生素C缺乏时，动物会降低维生素A、维生素E、维生素$B_1$、维生素$B_2$、维生素$B_3$、维生素$B_4$等的利用率，从而导致内出血，生长停滞，新陈代谢障碍和感染传染病。

（3）来源　由于猪体内能由单糖合成足够的维生素C，故其在猪体内不易缺乏。但当猪处于高温、生理紧张、运输等逆环境时，就会减少体内维生素C的合成量而增加需要量，此时需要在每千克饲料中补充维生素C50～200毫克，有利于减轻逆环境所造成的不利影响。

## 五、矿物质

矿物质可为猪提供生长发育所需要的各种常量元素和微量元素，如骨粉、石粉、蛋壳粉和牡蛎粉、磷酸钙和磷酸氢钙等。其主要作用：矿物质是构成骨骼、牙齿、多种酶、蛋白质、器官、血液的成分，使肌肉和神经发挥正常功能，维持机体代谢过程和渗透平衡。饲料中矿物质摄入不足，猪会出现缺乏症；摄入过量，猪会出现不同程度的中毒症状，见表4-3。

表4-3　猪矿物质摄取过量出现的症状

| 元素 | 中毒量 | 年龄 | 症状 |
|---|---|---|---|
| 铜 | 300～500毫克/千克（铁、锌很缺乏时） | 未成熟 | 生长停滞,发育不良,血红蛋白含量下降,黄疸死亡 |
| 碘 | 800毫克/千克 | 育成 | 采食量下降,血红蛋白含量减少,增重减少 |
| 铁 | 5000毫克/千克 | 育成 | 采食量与增重减少,血清无机磷含量减少,股骨灰分减少 |
| 锰 | 4000毫克/千克 | 育成 | 采食减少,增重减少,走高脚步 |
| 硒 | 5～8毫克/千克10毫克/千克 | 育成繁殖 | 脱蹄、消瘦、衰弱、脱毛、肝硬化萎缩;受胎率低,仔猪瘦小或死产 |
| 钠、氯（食盐） | 6%～8%（限制饮水） | 育成成年 | 神经过敏,走路不稳,虚弱昏迷、死亡 |
| 锌 | 2000毫克/千克 | 育成 | 生长停滞,关节炎,广泛性出血,胃炎 |

## 六、水

水是畜体的重要营养物质，饲料的消化与吸收，营养物质的运输、代谢和粪尿的排出，生长、繁殖、泌乳等过程，都必须有水的参与。水参与机体生理调节的全过程。因此，在畜体生命活动和生产中都离不开水。水的主要功能如下：

（1）水是动物体的构成成分　猪体内的各器官、组织及产品都含有一定量的水分，如血液中水分含量为80%以上，肌肉中为72%～78%，骨骼中约含45%。

（2）水能使机体维持一定的形态　由于水具有调节渗透压和表面张力的作用，使细胞饱满而坚实，从而维持机体的正常形态。

（3）水是畜体的重要溶剂　营养物质的消化、吸收、运输和代谢，代谢物的排出，还有繁殖及泌乳等生理过程都必须有水参加。

（4）水对体温调节起着重要作用　动物不仅可以通过血液循环将代谢产生的热传送到机体各部位以维持体温，而且可以通过饮水和排尿、排汗等来调节体温。

（5）水是一种润滑剂　如关节腔内的润滑液能减少关节转动时的摩擦，唾液能使饲料易于吞咽。

（6）水参与动物体内各种生化反应　水不仅参与体内的水解反应，还参与氧化还原反应、有机物的合成以及细胞的新陈代谢。

水是最基本但又经常被忽视的营养成分。缺水或饮水不足对机体危害极大，可以降低猪的生长性能，对猪泌乳、生长速度和饲料消耗量均有不良影响。体内水分减少5%猪就会感到不适、食欲减退，减少10%时导致生理失调，减少20%时会导致死亡。

## 七、主要营养物质之间的相互关系

猪所需的营养物质是按一定比例摄取的，当某种成分不足或过多时，就会影响营养物质的利用率。因此，除了要了解各种营养物质的营养作用外，还必须注意各种营养物质在营养代谢过程中的相互关系。

1.能量与蛋白质比例关系

实践证明，饲料中的能量和蛋白质应保持恰当的比例；比例不当，不仅影响营养物质的利用效率，甚至会发生营养障碍。若能量不足或过低，蛋白质首先用于补充能源，用于氮沉积的部分减少，利用率随之下降；而高能量水平不但能提高日增重，也能增加体蛋白的沉积。如果能量过高、蛋白质过低，家畜则因采食蛋白质总量过少，满足不了生长发育需要而影响饲养效果。在生产实践中，要特别注意供给充足的碳水化合物，尽可能避免分解蛋白质供能，以节约饲养成本。

2.纤维素与其他营养物质之间的关系

猪饲料中粗纤维的含量和其他有机营养物质的利用有关。如生长猪饲料有机物质消化率和粗纤维水平之间呈负相关。当粗纤维含量增加1％时，蛋白质消化率降低0.3％，有机物质消化率降低2％～8％。因此，猪饲料中粗纤维的水平不宜过高。

3.氨基酸之间的关系

组成蛋白质的氨基酸在机体营养代谢过程中相互间存在协同作用和拮抗作用，以及可替代和不可替代关系。对猪饲料而言，主要应满足赖氨酸、蛋氨酸和异亮氨酸的需要。由于50％的蛋氨酸在体内转化成胱氨酸，而蛋氨酸在一般日粮中属第一限制性氨基酸，所以添加一定的胱氨酸可以节省蛋氨酸的添加量。但是，胱氨酸不能代替蛋氨酸。因此，蛋氨酸的添加量宜略高于胱氨酸。

4.维生素同蛋白质之间的关系

饲料中蛋白质供应不足，直接影响输送维生素A的载体蛋白的合成，维生素A的利用率降低。

含维生素$B_2$的黄素酶与蛋白质代谢有关，当维生素$B_2$少量缺乏时，就会影响蛋白质的沉积；维生素$B_6$参与氨基酸代谢，影响氨基酸合成蛋白质的效率，日粮中蛋白质水平增加，对维生素$B_6$的需要量也相应增加。

5.维生素与碳水化合物、脂肪之间的关系

维生素A影响碳水化合物代谢，不足时使糖原合成的速度下降。用高能饲料喂猪，特别是饲料中易消化碳水化合物比例高时，维生素$B_1$的需要量相应提高。

饲喂高脂肪饲粮要相应增加核黄素的供给量，胆碱不足时，使大量脂肪在组织细胞内沉积，肝脏出现脂肪浸润。

6.有机营养物质与矿物质之间的关系

（1）有机营养物质与钙、磷的关系　主要有机营养物质均影响钙、磷的吸收。高脂肪饲料不利于钙、磷吸收，高蛋白质饲料则能促进钙、磷的吸收，碳水化合物中的乳糖、葡萄糖、半乳糖及果糖对钙的吸收均有利。

（2）氨基酸和微量元素的关系　给猪饲喂含有大量精氨酸的大豆，由于精氨酸与锌有拮抗作用而提高对锌的需要量。饲粮中含硫氨基酸不足使猪对硒的需要量增加。

7.维生素与矿物质之间的关系

（1）维生素 E 和硒的关系　维生素 E 和硒有类似的作用。在一定条件下，维生素 E 可以代替部分硒，但硒不能代替维生素 E。但是只有存在硒时，维生素 E 才能在体内起作用。

（2）维生素 D 和钙、磷的关系　维生素 D 能影响钙、磷的吸收，当维生素 D 不足时，即使有充足的钙、磷，也不能被很好地利用。

（3）维生素 C 和铁的关系　维生素 C 能促进肠道内铁的吸收，提高血铁含量。因此，饲粮中添加铁盐时应同时补充维生素 C。

8.维生素间的相互关系

（1）维生素 E 和维生素 A、维生素 D 的关系　维生素 E 能促进维生素 A、维生素 D 的吸收以及维生素 A 在家畜肝脏中的贮存，并保护其不被氧化。同时，维生素 E 能促进胡萝卜素转化为维生素 A。

（2）维生素 $B_1$ 与维生素 $B_2$ 的关系　动物缺乏维生素 $B_1$ 时，尿中维生素 $B_2$ 排出量增加，影响机体对维生素 $B_2$ 的正常利用；而维生素 $B_2$ 缺乏时，维生素 $B_1$ 在体内的含量亦下降。

（3）维生素 $B_2$ 与维生素 $B_5$ 的关系　维生素 $B_2$ 和维生素 $B_5$ 具有协同作用。缺乏维生素 $B_2$ 时，色氨酸形成维生素 $B_5$ 的过程受阻，出现维生素 $B_5$ 不足症；维生素 $B_2$ 和维生素 $B_5$ 同时缺乏，如仅补充维生素 $B_2$，不能使维生素 $B_2$ 在血液及组织中的含量达到正常标准。

9.矿物质之间的关系

矿物质之间既有协同作用，也有拮抗作用。如钙、镁之间存在拮抗作用，饲料中大剂量钙对镁吸收不利；硫和铜在消化道中结合形成不易吸收的硫酸铜而影响铜的吸收；饲粮中锌过量能引起铜的代谢紊乱，降低肝、肾及血液中的含铜量，而铜不足，可引起锌中毒。由于矿物质种类繁多，相互之间的关系也十分复杂，在此不再逐一叙述。

# 第四节　猪的营养特点

猪所需要的营养物质是粗蛋白质、碳水化合物、脂肪、维生素、矿物质（包括常量元素和微量元素）和水。这些物质中的任何一种缺乏都会严重影响猪的生长发育及健康状况。在放养条件下，猪可以通过采食青饲料、拱泥土等形式获得少部分矿物质、维生素，但在规模化水泥圈养时，除水外，这些养分只能通过饲料获得。

在配合饲料中，通常使用的玉米、豆粕、麸皮等"大料"主要提供粗蛋白质、碳水化合物和脂肪，而维生素和矿物质必须由预混料中额外添加才能得到。

## 一、母猪的营养特点

供给合适的营养水平是母猪高繁殖力的基本保证。母猪通过胎盘和乳汁供给仔猪营养，合适的养分摄入可确保仔猪健康快速成长。

母猪营养的突出特点是"低妊娠高泌乳"。妊娠期供给相对低的营养水平，以防止母猪过肥而难产、奶水不足、压死仔猪增加、断奶后受孕率下降。妊娠阶段一般都实行限饲的饲喂方法。

泌乳期的母猪需要高的营养水平以供给不断生长的仔猪，而且也使母猪断奶后体重不至于减少太多，以利于其尽快发情配种。这个阶段饲粮要求消化能达到3200千卡/千克，粗蛋白质至少达到15%以上。

## 二、乳、仔猪的营养特点

乳、仔猪的营养需要是所有阶段猪中最复杂的。营养供给不合理的直接后果是猪只生长缓慢、腹泻率高、死亡率高，进而使中大猪阶段的猪生长缓慢、延长出栏时间。

新生仔猪消化系统发育尚不完善，消化酶分泌能力弱，只能消化母乳中的乳脂、乳蛋白和碳水化合物。直接供给以玉米、豆粕为主的全价配合饲料，容易引起仔猪腹泻。仔猪腹泻分营养性腹泻和病菌性腹泻两种，刚断奶仔猪的腹泻，往往是营养性腹泻。导致仔猪营养性腹泻的机理是：仔猪对全价配合饲料的消化率低，大量未消化的碳水化合物进入大肠，大肠中大量微生物借助这些碳水化合物迅速繁殖，微生物发酵会产生大量的挥发性脂肪酸和其他渗透活性物质，打破了肠壁细胞的内外渗透平衡，水分从细胞内渗透到肠道中，增加了肠内容物的水分含量，导致腹泻。在此过程中，豆粕所含的大豆抗原蛋白可引起仔猪肠道的过敏性反应，加剧腹泻。基于上述机理，乳、仔猪饲粮中需要使用易消化的原料，如乳清粉、喷雾干燥血浆蛋白粉、膨化大豆等。同时，需添加助消化的酸制剂、酶制剂等。

### 三、后备公猪的营养特点

后备公猪和后备母猪基本相似，必须自由采食，当体重大约 100 千克时选为种用，以便可以评定其潜在的生长速度和瘦肉增重。这些猪选为种用后，应限制能量摄入量，以保证其在配种时具有理想的体重。

在后备公猪发育期间，蛋白质摄入不足会延缓性成熟，降低每次射精的精液量，但是轻微的营养不足（日粮粗蛋白质水平 12%）所造成的繁殖性能的损伤可很快恢复。

### 四、种公猪的营养特点

营养水平是公猪配种能力的主要影响因素。公猪的性欲和精液品质与营养，特别是与蛋白质的品质有密切关系。种公猪的能量需要分为两个时期：非配种期和配种期。非配种期的能量需要量为维持需要的 1.2 倍，配种期的能量需要量为维持需要的 1.5 倍。种公猪精液干物质的主要成分是蛋白质，其变动范围是 3%。在大规模饲养条件下，种公猪饲喂锌、碘、钴、锰对精液品质有明显提高作用。

在实际生产中，公猪是种猪群的重要组成部分，但经常被生产者忽视。种公猪理想的繁殖性能具有很重要的价值，因为相对较小数量的种公猪要配相当大数量的母猪。一些研究已经确定了种公猪的营养需要，但这些推荐是建立在良好的圈舍和环境条件基础上的。下面是种公猪日粮营养的安全临界：蛋白质 13%、赖氨酸 0.5%、钙 0.95%、磷 0.80%。

要根据公猪的类型、负荷量、圈舍和环境条件等来评定猪群，特殊的条件应当对营养作适当的改动。饲养种公猪能够保持其生长和原有的体况即可，不可使其过肥。应保持成年种公猪较瘦而能积极正常工作的状态。过于肥胖的体况会导致种公猪性欲下降，可能产生肢蹄病。每天单独饲喂公猪两次，每天饲料摄入量 2.3 千克，全天 24 小时提供新鲜的饮水。

配种公猪似乎并没有特殊的氨基酸需要。但配种公猪对含硫氨基酸、赖氨酸的需要相对较多。蛋白质摄入不足会降低公猪的精液浓度和每次射精的精液总数，而且降低性欲和精液量。每天食入含 360 克蛋白质和 18.1克赖氨酸的日粮，可维持公猪良好的性欲和精液特性。为避免体重过度增加，通常对成年公猪的采食量要进行限制。因此，要掌握每天氨基酸和蛋白质的摄入量，以防食入量不足或过多，影响公猪的配种能力。

## 五、生长育肥猪的营养特点

生长育肥猪的经济效益主要是通过生长速度、饲料利用率和瘦肉率来体现的，因此，要根据生长育肥猪的营养需要配制合理的日粮，以最大限度地提高肉料比和瘦肉率。

一般情况下，猪日采食能量越多，日增重越快，饲料利用率越高，沉积脂肪也越多，但此时瘦肉率降低。蛋白质的需要更为复杂，为了获得最佳的育肥效果，不仅要满足蛋白质数量的需求，还要考虑必需氨基酸之间的平衡和利用率。能量高使胴体品质降低，而适宜的蛋白质能够改善猪胴体品质，这就要求日粮具有适宜的能量蛋白比。由于猪是单胃杂食动物，对饲料粗纤维的利用率很有限，因此猪日粮粗纤维含量不宜过高，育肥期应低于 8%。矿物质和维生素是猪正常生长和发育不可缺少的营养物质，长期过量或不足，将导致机体代谢紊乱，轻者增重减慢，严重的发生缺乏症或死亡。生长期为满足肌肉和骨骼的快速增长，要求能量、蛋白质、钙和磷的水平较高，饲粮含消化能 12.97～13.97 兆焦/千克，粗蛋白质水平为 16%～18%，钙 0.50%～0.55%，磷 0.41%～0.46%，赖氨酸0.56%～0.64%，蛋氨酸＋胱氨酸 0.37%～0.42%。育肥期要控制能量摄入，减少脂肪沉积，饲粮含消化能 12.30％～12.97 兆焦/千克，粗蛋白质水平为 13％～15％，钙 0.46％，磷 0.37％，赖氨酸 0.52％，蛋氨酸＋胱氨酸 0.28％。

生长育肥猪在不同生长发育阶段表现出不同的生长发育规律和消化力。猪的生长速度随体重或年龄的增长而增加。猪的生长初期，骨骼生长是重点，生长迅速；之后肌肉生长为重点；成年时以脂肪沉积为主。猪对饲料能量的消化率随猪活重的增加而直线增高。猪的采食量亦随体重的增长而增加（表 4-4），生长育肥阶段的饲料消耗量占出生至出栏全期耗料总量的 70％～75％。生长育肥猪的营养重点是根据生长发育规律合理供给营养物质，最大限度地发挥猪的生长潜力，减少饲料消耗，提高瘦肉率和胴体品质。

表 4-4　猪生长性能标准

| 阶段 | 体重范围/千克 | 日增重/千克 | | 采食量/千克 | |
|------|------------|------------|------------|------------|------------|
| | | 实际值 | 理论值 | 实际值 | 理论值 |
| 断奶初期 | 5.44～11.34 | 0.21 | 0.23 | 0.32 | 0.34 |
| 断奶前期 | 11.34～22.67 | 0.37 | 0.45 | 0.71 | 0.86 |
| 生长期 | 22.67～49.90 | 0.57 | 0.66 | 1.57 | 1.70 |
| 育肥期 | 49.90～106.59 | 0.69 | 0.82 | 2.48 | 2.72 |

# 第二篇
# 猪病

## 知识要点

▶ 猪传染性疾病

▶ 猪寄生虫病

▶ 猪内科病

猪的疾病是猪体在致病因素作用下发生损伤与抗损伤的斗争过程，在此过程中机体表现出一系列机能代谢和形态的变化，这些变化使机体内外环境之间的相对平衡状态发生紊乱，从而出现一系列的症状与体征，并造成猪的生产能力下降及经济价值降低。

猪病主要包括：猪传染性疾病、猪普通内科病和猪寄生虫病。危害养猪业比较严重的主要是传染性疾病。传染性疾病又分为病毒性传染病和细菌性传染病。目前危害养猪业最严重的有猪繁殖与呼吸障碍综合征（猪蓝耳病）、猪圆环病毒病、猪高热病等。

# 第五章 —»
# 猪传染性疾病综述

## 第一节　猪传染病概述

### 一、传染和传染病的概念

病原微生物侵入机体，并在一定的部位定居、生长繁殖，从而引起机体一系列的病理反应，这个过程称为传染。一些病原微生物在其物种进化过程中形成了以某些猪的机体作为生长繁殖的场所过寄生生活，并不断侵入新的寄生机体，亦即不断传播的特性。这样其物种才能保持下来，否则就会被消灭。而猪为了自卫形成了各种防御机能以对抗病原微生物的侵犯。在传染过程中，病原微生物和猪机体之间的这种矛盾运动，根据双方力量的对比和相互作用的条件不同而表现不同的形式。

当病原微生物具有相当的毒力和数量，而机体的抵抗力相对比较弱时，猪体在临床上出现一定的症状，这一过程就称为显性传染。如果侵入的病原微生物定居在某一部位，虽能进行一定程度的生长繁殖，但猪不呈现任何症状，亦即猪与病原体之间的斗争处于暂时的、相对的平衡状态，这种状态称为隐性感染。处于这种情况下的猪称为带菌者。健康带菌是隐性感染的结果，但隐性感染是否造成带菌现象须视具体情况而定。

病原微生物进入猪体不一定引起传染过程。在多数情况下，猪的身体条件不适合于侵入的病原微生物生长繁殖，或猪体能迅速动员防御力量将该侵入者消灭，从而不出现可见病理变化和临床症状，这种状态就称为抗传染免疫。换句话说，抗传染免疫就是机体对病原微生物的不同程度的抵抗力。猪对某一病原微生物没有免疫力（亦即没有抵抗力）称为有易感性。病原微生物只有侵入有易感性的机体才能引起传染过程。

综上所述，传染、传染病、隐性传染和抗传染免疫虽然彼此有区分，但又是互相联系的，并能在一定条件下相互转化。传染和抗传染免疫是病原微生物和机体斗争过程的两种截然不同的表现。但它们并不是互相孤立的，传染过程必然伴随着相应的免疫反应，二者互相交叉、互相渗透、互相制约，并随着病原微生物和机体双方力量对比的变化而相互转化，这就是决定传染发生、发展和结局的内在因素。了解传染和免疫的发生、发展的内在规律，掌握其转化的条件，对于控制和消灭传染病具有重大意义。

凡是由病原微生物引起，具有一定的潜伏期和临床表现，并具有传染性的疾病，称为传染病。传染病的表现虽然多种多样，但也具有一些共同特性，根据这些特性可与其他传染病相区别，这些特性是：

（1）传染病是由病原微生物与机体相互作用所引起的。每一种传染病都有其特异的致病性微生物存在。

（2）传染病具有传染性和流行性。从传染病猪体内排出的病原微生物，侵入另一有易感性的健畜体内，能引起同样症状的疾病。像这样使疾病从病猪传染给健康猪的现象，就是传染病与非传染病相区别的一个重要特征。当条件适宜时，在一定时间内，某一地区易感猪群中可能有许多猪被感染，致使传染病蔓延散播，形成流行。

（3）被感染的机体发生特异性反应。在传染发展过程中由于病原刺激作用，机体发生免疫生物学的改变，产生特异性抗体和变态反应等。这种改变可以用血清学方法等特异性反应检查出来。

（4）耐过猪能获得特异性免疫。猪耐过传染病后，在大多数情况下均能产生特异性免疫，使机体在一定时期内或终生不再感染该种传染病。

（5）具有特征性的临床表现。大多数传染病都具有该种病特征性的综合症状和一定的潜伏期和病程经过。

## 二、传染的类型

病原微生物的侵犯与猪机体抵抗侵犯的矛盾是错综复杂的，是受到多方面因素影响的，因此传染过程表现出各种形式或类型。

下面对各种传染类型作简要说明。

**1.外源性和内源性传染**

病原微生物从猪体外侵入机体引起的传染过程，称为外源性传染，大多数传染病属于这一类。如果病原体是寄生在猪机体的条件性病原微生物，在机体正常的情况下，它并不表现其病原性。但当受到不良因素影响，致使猪机体的抵抗力减弱时，可引起病原微生物的活化，使其毒力增强、大量繁殖，最后引起机体发病，这就是内源性传染，如猪肺疫病就是这样发生的。

**2.单纯传染、混合传染和继发传染**

由一种病原微生物所引起的传染，称为单纯传染或单一传染，大多数传染过程都是由单一病原微生物引起的。由两种以上的病原微生物同时参与的传染，称为混合传染。如猪可同时患蓝耳病和圆环病毒病等。猪感染了一种病原微生物之后，在机体抵抗力减弱的情况下，又由新侵入的或原来存在于体内的另一种病原微生物引起的传染，称为继发性传染。如猪瘟病毒是引起猪瘟的主要病原体，但慢性猪瘟常出现由多杀性巴氏杆菌或猪霍乱沙门氏菌引起的继发传染。混合传染和继发传染的疾病都表现严重而复杂，给诊断和防治增加了困难。

**3.显性传染和隐性传染，顿挫型传染和消散型传染**

表现出该病所特有的明显的临床症状的传染过程称为显性传染。在感染后不呈现任何临床症状而呈隐蔽经过的称为隐性传染。隐性传染的病猪称为亚临床型，有些病猪虽然外表看不到症状，但体内可呈现一定的病理变化；有些隐性传染病猪则不表现症状，又无肉眼可见的病理变化。但它们能排出病原体散播传染，一般只能用微生物学和血清学方法才能检查出来。在这些隐性传染的病猪机体抵抗力降低时，隐性传染转化为显性传染。

开始症状较轻，特征症状未见出现即行恢复的传染过程称为消散型（或一过型）传染。开始时症状表现较重，与急性病例相似，但特征性症状尚未出现即迅速消退恢复健康的传染过程，称为顿挫型传染。这是一种病程缩短而没有表现该病主要症状的轻病例，常见于疾病的流行后期。还有一种临床表现比较轻缓的类型，一般称为温和型传染。

**4.局部传染和全身传染**

由于猪机体的抵抗力较强，而侵入的病原微生物被局限在一定部位生长繁殖，并引起一定病变的传染过程称局部传染，如化脓性葡萄球菌、链球菌等引起的各种化脓创。但是，即使在局部传染中，猪机体仍然作为一个整体，其全部防御机能都参加到与病原体的斗争中去。如果猪机体抵抗力较弱，病原微生物冲破了机体的各种防御屏障而侵入血液向全身扩散，则发生严重的全身传染。这种传染的全身化表现形式主要有：菌血症、病毒血症、毒血症、脓毒症和脓毒败血症等。

5. 典型传染和非典型传染

两者均属显性传染。在传染过程中表现出该病的特征性（有代表性）临床症状者，称为典型传染。而非典型传染则表现或轻或重，典型症状不明显。

6. 良性传染和恶性传染

一般常以病猪的死亡率作为判定传染病严重性的主要指标。如果该病并不引起病猪的大批死亡，可称为良性传染；相反，如能引起大批死亡，则可称为恶性传染。例如发生良性口蹄疫时，猪群的死亡率一般不超过2%，如为恶性口蹄疫，则死亡率可大大超过此数。机体抵抗力减弱和病原体毒力增强等都是传染病发生恶性病程的原因。

7. 最急性、急性、亚急性和慢性传染

最急性传染病程短促，病猪常在数小时或一天内突然死亡，症状和病变不显著，发生炭疽、巴氏杆菌病和猪丹毒等病时，有时可以遇到这种病型，常见于疾病的流行初期。急性传染病程较短，自几天至二三周不等，并伴有明显的典型症状，如急性炭疽、口蹄疫、猪瘟、猪丹毒等，主要表现为这种病例。亚急性传染的临床表现不如急性那么显著，病程稍长，和急性相比是一种比较缓和的类型，如疹块型猪丹毒。慢性传染的病程发展缓慢，常在一个月以上，临床症状常不明显甚至不表现出来，如慢性猪气喘病、鼻疽、结核病、布氏杆菌病等。

传染病的病程长短决定于机体的抵抗力和病原体的致病因素，同一种传染病的病程并不是一成不变的，一个类型易转变为另一个类型。例如急性或亚急性猪瘟可转变为慢性经过；反之，慢性结核病等在病势恶化时也可转为急性经过。

### 三、传染病的发展阶段

传染病的发展过程在大多数情况下可以分为潜伏期、前驱期、明显（发病）期和转归期四个阶段。现分述如下：

1.潜伏期

由病原体侵入机体并进行繁殖时起，直到疾病的临床症状开始出现为止，这段时间称为潜伏期。不同的传染病其潜伏期的长短常常是不相同的，就是同一种传染病的潜伏期长短也有很大的变动范围。这是由于不同的猪种属、品种或个体的易感性是不一样的，病原体的种类、数量、毒力和侵入途径、部位等情况也有所不同而出现的差异，但相对来说还是有一定的规律性。例如炭疽的潜伏期1～14天，多数为2～3天；猪瘟的潜伏期3～20天，多数为5～8天。一般来说，急性传染病的潜伏期差异范围较小；慢性传染病以及症状不很显著的传染病其潜伏期差异较大，常不规则。同一种传染病，潜伏期短促时，疾病经过常较严重；反之，潜伏期延长时，病程常较轻缓。从流行病学的观点看来，处于潜伏期中的猪之所以值得注意，主要是因为它们可能是传染的来源。

2.前驱期

前驱期是疾病的征兆阶段，其特点是临床症状开始表现出来，但该病的特征性症状仍不明显。从多数传染病来说，这个时期可察觉出一般的症状，如体温升高、食欲减退、精神异常等。各种传染病和各个病例的前驱期长短不一，通常只有数小时至一两天。

3.明显（发病）期

明显期在前驱期之后，疾病的特征性症状逐步明显地表现出来，是疾病发展到高峰的阶段。这个阶段因为很多有代表性的特征性症状相继出现，在诊断上比较容易识别。

4.转归期

病原体和猪体这一对矛盾，在传染过程中依据一定条件，向着相反的方面转化。如果病原体的致病性能减弱，则机体便逐步恢复健康，表现为临床症状逐渐消退，体内的病理变化逐渐减弱，正常的生理机能逐步恢复，且机体在一定时期保留免疫学特征。在病后的一定时间内还有带菌

（毒）排菌（毒）现象存在，但最后病原体可被消灭清除。

# 第二节 猪传染病的流行过程

## 一、概念

猪传染病的流行病学是一门预防医学，主要内容是研究传染病在猪群中发生和发展的规律，以达到预防和消灭猪群中传染病的目的。猪传染病的一个基本特征是能在猪之间直接接触传染或间接地通过媒介物（生物或非生物的传播媒介）互相传染，构成流行。猪传染病的流行过程，就是从猪个体感染发病发展到猪群体发病的过程，也就是传染病的机体（传染源）排出；病原体在外界环境中停留，经过一定的传染途径，侵入新的易感猪而形成了新的传染。如此连续不断地发生、发展就形成了流行过程。传染病在猪群中的传播，必须具备传染源、传播途径和易感猪群三个基本环节，倘若缺少任何一个环节，新的传染就不可能发生，也不可能构成传染病在猪群中流行。同样地，当流行已形成时，若切断任何一个环节，流行即告终止。因此，了解传染病流行过程的特点，从中找出发病规律，以便采取相应的方法和措施来杜绝或中断流行过程的发生和发展，是兽医工作者的重要任务之一。

## 二、流行过程的三个基本环节

### （一）传染源

传染源（也称传染来源）是指某种传染病的病原体在其中寄居、生长、繁殖，并能排出体外的猪机体。具体来说，传染源就是受感染的猪，包括传染病病猪和带菌（毒）猪。

猪传染病的病原微生物也和其他的生物种属一样，它们的生存需要一定的环境条件。病原微生物在形成过程中对于某种猪机体产生了适应性，即这些猪机体对其有了易感性。有易感性的猪机体相对而言是病原体生存最适宜的环境条件，因此病原体在受感染的猪体内不但能栖居繁殖，而且还能持续排出。至于被病原体污染的外界环境因素（猪舍、饲料、水源、空气、土壤等），由于缺乏恒定的温度、湿度、酸碱度和营养物质，加上自然界很多物理、化学、生物因素的杀菌作用等，不适于病原体较长期的生存、繁殖，也不能持续排出病原体，因此都不能认为是传染源，而应称为传播媒介。

猪受感染后，可以表现为患病和带菌两种状态，因此传染源一般可分为两种类型：

1.患病猪

病猪是重要的传染源，不同病期的病猪，其传染性大小也不同。病猪排出病原体的整个时期称为传染期。传染期的长短，各病不一。了解并掌握各种传染病的传染期是决定病猪隔离期限的重要依据，在防疫措施中极为重要。传染期按病程经过的先后可分为：

（1）潜伏期　在这一时期，大多数传染病的病原体数量还很少，此时一般没有具备排出条件，因此不能起传染源的作用。但有少数传染病（如猪瘟）在潜伏期后期能够排出病原体，此时就有传染性了。

（2）临床症状明显期　此期的传染源作用最大，尤其是在急性过程或者病程转剧阶段可排出大量毒力强大的病原体，因此在疫病的传播方面重要性最大。某些传染病的顿挫型或非典型病例，由于症状轻微，不易发现，难于和健康猪加以区别而进行隔离，因此也是危险的传染源。

（3）恢复期　此期为机体的各种机能障碍逐渐恢复的时期，一般来说，这个时期的传染性已逐渐减小或已无传染性。但还有不少传染病（如猪气喘病等）在临床痊愈的恢复期仍然能排出病原体，一般称为恢复期带菌现象。

2.带菌（包括带病毒）猪

它们是外表无临床症状的隐性感染猪，但体内有病原体存在，并能繁殖和排出病原体，因此往往不容易引起人们的注意。如果检疫不严，还可以随猪散播到其他地区，造成新的传播。根据带菌的性质不同，一般可分为恢复期带菌者和健康带菌者。带菌现象是传染的一种特殊形式，是机体抵抗力与病原体的致病力之间处于平衡表现的一种暂时平衡状态。在传染病恢复期间，机体免疫力增强，虽然外表症状消失，但病原尚未肃清。对于这种带菌者只要考查其过去病史即可查出。健康带菌者有时包括非本种猪，虽可以用微生物学或免疫学方法来检查，但不易完全查明。

带菌者带菌的期限长短不一，一般急性传染病的带菌期在三个月以内；慢性传染病病程较长，因症状不明显，带菌与疾病的界限不清，为期可长达数月以至数年之久，更应引起注意。消灭带菌者和防止引入带菌者是传染病防治中的主要任务之一。

### （二）传播过程和传播途径

#### 1. 传播过程

病原体一般只有在被感染的猪体内才能获得最好的生存条件。但机体被病原体寄生后，或产生免疫或得病死亡，使病原体在某一机体内不能无限期地栖居繁殖下去，所以病原体只有在不断更换新宿主的条件下，才能保持延续。这种宿主机体间的交换，就是病原体的传播过程。这个过程由三个连续阶段所组成，即病原体从机体内排出、停留在外界环境中及再侵入另一新的机体。

各种传染病的病原体常常以一定方式、经过一定途径而侵入机体，在一定的组织器官内进行生长、繁殖，造成组织器官的损伤而发病。然后病原体随同破坏了的组织、细胞通过不同的途径排出体外，污染外界环境，从而感染新的机体。不同的病原体侵入机体的途径和部位不同，所引起的疾病也不一样。例如，侵害呼吸系统的猪气喘病，病原体由病猪的呼吸道分泌物排出，随着咳嗽、喷嚏而散布至空气中，易感猪在吸入含有病原体的空气时，病原体从呼吸道侵入定位于呼吸器官中。又如肠道内沙门杆菌，从粪便中排出，进入土壤、饲料和饮水，从易感猪的口腔进入消化道定位。生殖系统传染病的病原体常通过交配经生殖道黏膜传染。有些存在于血液内的病原体，往往依靠吸血的节肢动物而进入新宿主机体。由于猪不断接触周围环境，因此皮肤、黏膜、消化道和泌尿生殖道等均可能成为传染门户。至于很多危害严重的全身性败血性传染病，如猪瘟、巴氏杆菌病等，病原体在体内的分布较广，可以通过多种途径排出体外，经由多种外界环境侵入不同的传染门户。

外界环境多不适于病原体的生存，排出机体外的大量病原体侵入新宿主之前即趋于死亡。除某些能形成芽孢的细菌（如炭疽、破伤风等）以休眠状态的芽孢长期生存外，一般病原微生物在外界的生存期不过几天或几个月。除由于外界环境的干燥、阳光、机械损伤等有害作用和温度、酸碱度的不适外，自然界固有的腐生菌对病原微生物的拮抗和破坏也起了很大的作用。外界环境对病原微生物的破坏作用，称为自然界的自净作用。

2. 传播途径

病原体由传染源排出后，经一定的方式再侵入其他易感猪所经的途径称为传播途径。研究传染病传播途径的目的在于切断病原体继续传播的途径，防止易感猪受传染，这是防治猪传染病的重要环节之一。

(1) 在传播方式上传播途径可以分为直接接触传播和间接接触传播两种：

① 直接接触传播是在没有任何外界因素的参与下，病原体通过被感染的猪（传染源）与易感猪直接接触（交配、舐咬等）而引起传染的传播方式。以直接接触为主要传播方式的传染病为数不多。仅能以直接接触而传播的传染病，其流行特点是一个接一个地发生，形成明显的链锁状。这种方式使疾病的传播受到限制，一般不易造成广泛的流行。

② 间接接触传播是指必须在外界环境因素的参与下，病原体通过传播媒介使易感猪发生传染的传播方式。从传染源将病原体传播给易感猪的各种外界环境因素称为传播媒介。传播媒介可能是生物（媒介者），也可能是无生命的物体（媒介物）。

大多数传染病（如口蹄疫、猪瘟等）以间接接触为主要传播方式，同时也可以通过直接接触传播。两种方式都能传播的传染病也可以称为接触性传染病。

水平传播是指病原体在同一代或上一代的猪之间的传播。其传播途径有消化道、呼吸道或皮肤黏膜创伤等。垂直传播则是指从这一代的受感染猪传到下一代猪，可经卵巢、子宫内感染或初乳感染。如在病毒性传染病中，可经胎盘感染的有猪瘟病毒、蓝舌病病毒等，可经初乳感染的有哺乳类猪白血病病毒等。

(2) 间接接触传播一般通过如下几种途径：

① 经空气（飞沫、飞沫核、尘埃）传播：空气不适于任何病原体的生存，但空气可作为传染的媒介物，它可作为病原体在一定时间内暂时存

留的环境。经空气而散播的传染主要是通过飞沫、飞沫核或尘埃而传播的。

经飞散于空气中带有病原体的微细胞沫而散播的传染称为飞沫传染。所有的呼吸道传染病主要是通过飞沫传播的，如猪气喘病、猪流行性感冒等。这类病猪的呼吸道往往积聚不少渗出液，刺激机体发生咳嗽或喷嚏，很强的气流把带着病原体的渗出液从狭窄的呼吸道射出来形成飞沫飘浮在空气中，可被易感猪吸入而感染。

猪体正常呼吸时，一般不会排出飞沫，只有呼出的气流强度较大时才喷出飞沫。一般飞沫中的水分蒸发变干后，成为蛋白质和细菌或病毒组成的飞沫核，核愈大落地愈快，愈小则落地愈慢。这种小的飞沫能在空气中飘浮较长时间，飘浮距离较远。但总的来说，飞沫传播是受时间和空间限制的，病猪一次喷出的飞沫传播的空间距离不过几米，维持的时间最多只有几个小时。但为什么不少经飞沫传播的呼吸道疾病能引起大规模流行呢？这是由于传染病源和易感猪不断转移和集散，到处喷出飞沫所致。一般来说，干燥、光亮、温暖和通风良好的环境，飞沫飘浮的时间较短，其中的病原体（特别是病毒）死亡较快；相反，潮湿、阴暗、低温和通风不良环境，则飞沫传播的作用时间较长。

从传染源排出的分泌物、排泄物和因尸体处理不当而散布在外界环境中的病原体附着物，经干燥后，由于空气流动的冲击，带有病原体的尘埃在空气中飘扬，被易感猪吸入而感染，这一过程称为尘埃传染。尘埃传染的时间和空间范围比飞沫传染要大，可以随空气流动转移到别的地区。但实际上尘埃传播的传染作用比飞沫传染要小，因为只有少数在外界环境中生存能力较强的病原体能耐过这种干燥环境或阳光的曝晒。能借尘埃传播的传染病有结核病、炭疽、痘病等。

② 经污染的饲料和水传播：以消化道为主要侵入门户的传染病和口蹄疫、猪瘟、沙门氏菌病等，其传播媒介主要是污染的饲料和饮水。传染源的分泌物、排出物和病猪尸体及其流出物污染了饲料、饲槽、水池、水井、水桶，或由某些污染的管理用具、车船、畜舍等辗转污染了饲料、饮水而传给易感猪。因此，在防疫上应特别注意防止饲料和饮水的污染，防止饲料仓库、饲料加工车间、畜舍、水源、有关人员和用具的污染，并做

好相应的防疫消毒卫生管理。

③ 经污染的土壤传播：随病猪排泄物、分泌物或其尸体一起落入土壤而能在其中生存很久的病原微生物称为土壤性病原微生物。它所引起的传染病有炭疽、气肿疽、破伤风、恶性水肿、猪丹毒等。

猪丹毒的病原体虽然不形成芽孢，但对于干燥、腐败等外部环境因素的抵抗力较强，落入土壤中能生存一定时间。

经污染的土壤传播的传染病，其病原体对外界环境因素的抵抗力较强，疫区的存在相当牢固。因此应特别注意病猪排泄物、污染的环境、物体和尸体的处理，防止病原体落入土壤，以免造成难以收拾的后果。

④ 经活的媒介物传播：非本种猪的动物和人类也可能作为传播媒介传播猪传染病。

节肢动物：节肢动物中作为猪传染病媒介的动物主要是虻类、螫蝇、蚊、蠓、家蝇和蜱等。其传播主要是机械性传播，它们通过在病、健康畜间的刺螫吸血而散播病原体。也有少数是生物性传播，某些病原体（如立克次氏体）在感染猪前，必须先在一定种类的节肢动物（如某种蜱）体内通过一定的发育阶段，才能致病。

野生动物：通过野生动物的传播可以分为两大类。一类是本身对病原体具有易感性，在本身受感染后再传染给畜禽，在此野生动物实际上是起了传染源的作用。如狐、狼、吸血蝙蝠等动物可以将狂犬病传染给猪；鼠类感染沙门氏菌病、钩端螺旋体病、布氏杆菌病、伪狂犬病等后，串入猪舍传染给猪。另一类是野生动物本身对该病原体无易感性，但可以机械地传播疾病，如乌鸦在啄食炭疽病猪的尸体后从粪内排出炭疽杆菌的芽孢污染环境和饲料等，造成炭疽病的传染；鼠类也可机械地携带猪瘟和口蹄疫病毒而传播该病等。

人类：饲养人员和兽医在工作中如不注意遵守防疫卫生制度、消毒不严，容易传播病原体。如在进出病猪和健康猪的猪舍时可将手上、衣服上、鞋底沾染的病原体传播给健康猪。兽医的体温计、注射针头以及其他器械如消毒不严就可能成为猪瘟等病的传播媒介。有些人畜共患的疾病如口蹄疫、结核病、布氏杆菌病等，人也可能作为传染源，因此患人畜共患病的患者不许管理健康猪。

### （三）猪群的易感性

易感性是抵抗力的反面，指猪对于每种传染病病原体的感受性的大小。该地区猪群中易感个体所占的百分率和易感性的高低，直接决定传染病是否能造成流行及影响疫病的严重程度。猪易感性的高低虽与病原体的种类和毒力的强弱有关，但主要还是由猪体的遗传特征、特异性免疫状态等因素决定的。外界环境条件如气候、饲料、饲养管理卫生条件等因素都可能直接影响到猪群的易感性和病原体的传播。

**1. 猪群内在因素**

不同种类的猪对于同一种病原体表现的临床反应有很大的差异，这是由遗传性决定的。某一种病原体可能使多种猪感染而引起不同的表现。这种传染病的相对特异性在流行病学方面有特殊的意义，使之可能不时地出现所谓的"新"的传染病。例如蓝舌病最初在南非作为一种新病出现是在当地引进美利奴绵羊以后，其后发现当地的野生偶蹄兽早已有受感染的，只是没有表现临床症状。

一定年龄的猪对某些猪传染病的易感性较高，如仔猪对大肠杆菌、沙门杆菌的易感性较高。年轻的猪群对一般传染病的易感性较成年猪群高，这往往和猪的特异性免疫状态有关。

**2. 外界因素**

各种饲养管理因素包括饲料质量、猪舍卫生、粪便处理、拥挤、饥饿以及隔离检疫等都是与疫病发生有关的重要因素。在考虑同一地区同一时间内类似农场和猪群的差别时，很明显地可以看出饲养管理条件是非常重要的疾病影响因素。

**3. 特异性免疫状态**

在某些疾病流行时，猪群中易感性最高的个体易于死亡，余下的猪或已耐过，或已过无症状传染，且都获得了特异性免疫力。所以在发生流行之后该地区猪群的易感性降低，疾病停止流行。此种免疫的猪所生的后代常有先天性被动免疫，在幼年时期也具有一定的免疫力。在某些疾病常在地区，当地猪的易感性很低，大多表现为无症状传染或顿挫型传染，其中有不少带菌者并无临床表现。但从无病地区新引进的猪群一被传染常引起急性暴发，如猪气喘病等。

　　猪群免疫性并不要求猪群中的每一个成员都具有抵抗力，如果有抵抗力的猪百分比高，一旦引进病原体后出现疾病的危险性就较小，通过接触可能只出现少数散发的病例。因此，发生流行的可能性不仅取决于猪群中具抵抗力的个体数，也与猪群中个体间接触的频率有关。一般如果猪群中70%～80%的个体是有抵抗力的，就不可能发生大规模的暴发流行。这个事实可以解释为什么通过免疫接种猪群常能获得良好保护，尽管不是100%的易感猪都进行了免疫接种，或是应用集体免疫后不是所有猪都获得了免疫力。

　　当新的易感猪引进一个猪群时，猪群免疫性的水平可能出现变化。这些变化就是使猪群免疫性逐渐降低以至引起流行，再次流行之后，猪群免疫性保护了这个群体，但由于新生幼猪的增加，易感猪的比例增加，在一定情况下足以引起新的流行。

# 第三节　猪传染病的防疫措施

## 一、检疫

　　检疫就是应用前述各种诊断方法，对猪及猪产品进行疫病检查，并采取相应的措施，防止疫病的发生和传播。这项重要的且经常进行的防疫措施，直接关系到畜牧业生产的发展、人民身体健康的保障和对外贸易信誉的维护等。

　　开展检疫工作必须了解猪检疫的范围、分类和对象等方面内容，现分述如下：

### （一）检疫的范围

　　按照检疫的性质、类别，可将检疫的范围分为生产性的、观赏性的、贸易性的、非贸易性的和过境的等几个方面。

　　① 生产性的范围包括规模化养猪场、饲养散户等。

　　② 贸易性的检疫范围包括进出口和市场交易的生猪及其产品等。

　　③ 过境的检疫范围包括通过国境的列车、飞机运载的猪及其产品。

### （二）检疫的分类

根据猪及其产品的动态和运转形式，猪检疫可分为以下几种：

1. 产地检疫

产地检疫是生猪生产地区的检疫，做好这些地区的检疫是直接控制猪传染病的好办法。产地检疫可分为两种。一种是市场检疫，主要是在交易市场上对饲养出售的猪进行检疫。由于交易市场是定期开放的，猪比较集中，开展检疫工作也比较方便。禁止病猪及危害人畜健康的肉食品进入市场；遇有病猪则进行隔离、消毒、治疗或扑杀处理；对未预防注射的生猪进行预防接种。另一种是生猪收购检疫，由收购的商业部门与当地检疫部门配合进行。收购检疫工作的好坏，直接影响中转、运输与屠宰前的发病率和死亡率，如果收购时不检疫或者检疫不认真，不仅会在经济上遭受损失，而且有将病原散播给安全区畜禽的危险。

2. 铁路检疫

铁路检疫是防止畜禽疫病通过铁路运输传播，以保证农牧业生产和人民健康的重要措施之一，我国大多数省区已开展了铁路检疫和联防活动。铁路兽医检疫部门的主要任务是对托运的畜禽及其产品（如生皮、生毛等）进行检验，并查验产地（或市场）签发的检疫证，证明畜禽健康才能托运。如发现病猪，畜主应根据铁路兽医意见对病猪和运载车辆进行处理。在没有铁路兽医检疫的地方，则由车站工作人员根据畜禽检疫相关规定查验产地（或市场）检疫证，证明为健康或来自非疫区的畜禽及其产品时，方可托运。

3. 国境口岸检疫

为了维护国家主权和国际信誉，保障我国农牧业安全生产，既不能允许外国猪疫病转入，也不能允许将国内猪疫病传到国外。为此，我国在国境各重要口岸设立猪检疫机构，执行检疫任务。

进出口检疫主要是对贸易性的猪及其产品在进出国境口岸时进行的一种检疫，对进出境口岸的猪及其产品经检疫合格后，方准进入或输出。由国外运来的猪及其产品经检疫发现问题或不合格时，应根据疫病性质，采取相应措施及时处理。特别是对感染或携带传染性疾病病原的病猪、可疑病猪及其产品要就地焚烧深埋，并且要进行严格的消毒处理，必要时可封锁国境线的交通。我国规定：凡从国外输入猪及其产品，必须在签订进口合同前，向对方提出检疫要求，运到国境时，由国家兽医检疫机关按规定进行检查，合格的方准输入。输出的猪及其产品，由出入境检验检疫机构按规定进行检疫，合格的发给"检疫证明书"，方准输出。

### （三）检疫的对象

猪的传染病种类很多，并不是所有猪传染病都被列入检疫的对象。例如从我国当前猪疫病的情况出发，国家规定的进口检疫对象主要是我国尚未发生而国外常发的猪疫病，如非洲猪瘟等；急性传染病，如猪瘟等；危害或目前防治有困难的疫病，如口蹄疫等；人畜共患的猪疫病，如布氏杆菌病、沙门菌病等。除国家规定和公布的检疫对象外，两国签订的有关协定或贸易合同中也可以规定某种畜禽传染病作为检疫对象。省（区、市）农业部门则可从本地区实际需要出发，根据国家公布的检疫对象，补充规定某些传染病列入本地区的检疫对象并在省际公布执行。

## 二、免疫接种

免疫接种是激发猪机体产生特异性抵抗力，使易感猪转化为不易感猪的一种手段。有组织有计划地进行免疫接种，是预防和控制畜禽传染病的重要措施之一，在某些传染病（如猪瘟、猪丹毒等）的防治措施中，免疫接种更具有关键性的作用。根据免疫接种的时机不同，免疫接种可分为预防接种和紧急接种两类。

### （一）预防接种

在经常发生某些传染病的地区，或有些传染病潜在的地区，或经常受到邻近地区某些传染病威胁的地区，为了防患于未然，在平时有计划地给健康猪群进行的免疫接种，称为预防接种。预防接种通常使用疫苗、菌苗、类毒素等生物制剂作抗原激发免疫。根据所用生物制剂的品种不同，采用皮下、皮内、肌内注射和口服等不同的接种方法。接种一定时间（数天至三周）可获得数月至一年以上的免疫力。为了做到预防接种有的放矢，应对当地各种传染病的发生和流行情况进行调查了解，弄清楚过去经常发生的那些传染病，在什么季节流行。针对所掌握的情况，拟订每年的预防接种计划。例如，某些地区为了预防猪瘟、猪丹毒、猪肺疫等传染病，要求每年全面地定期接种两次，尽可能做到头头接种。在两次间隔期间，每月或每半月要检查一次，对一月龄以上和新从外地引进的猪只，进行及时补种，以提高防疫密度（图 5-1）。

图 5-1　猪的免疫接种注射

有时也进行计划外的预防接种。例如输入或运出猪时，为了避免在运输途中或到达目的地后暴发某些传染病而进行的预防接种。一般可采用抗原激发免疫（接种疫苗、菌苗、类毒素等），若时间紧迫，也可用免疫血清进行抗体激发免疫，后者可立即产生免疫力，但维持时间仅半个月左右。

如果在某一地区过去从未发生过某种传染病，也没有从别处传进来的可能，则没有必要进行该传染病的预防接种。

预防接种前，应对被接种的猪群进行详细的检查和调查了解，特别注意其健康情况、年龄大小、是否正在妊娠期或泌乳期，以及饲养条件的好坏等情况。成年的、体质健壮或饲养管理条件较好的猪，接种后会产生较坚强的免疫力；反之，幼年的、体质弱的、有慢性病或饲养管理条件不好的猪，接种后产生的抵抗力就差些，也可能引起较明显的接种反应。妊娠母猪，特别是临产前的母猪，在接种时由于驱赶、捕捉等影响或者由于疫苗所引起的反应，有时会产生流产或早产，或者可能影响胎儿的发育，泌乳期的母猪预防接种后，有时会暂时减少产奶量。所以对那些幼年的、体质弱的、有慢性病的和妊娠后期的母猪，如果不是已经受到传染的威胁，最好暂时不要接种。对那些饲养管理条件不好的猪，在进行预防接种的同时，必须创造条件改善饲养管理。

接种前，应注意了解当地有无疫病流行，如发现疫情则首先安排对该病的紧急防疫，如无特殊疫病流行则按原计划定期预防接种。一方面组织力量，向群众做好宣传发动工作；一方面准备疫苗、器械、消毒药品和其他必要的用具。接种时防疫人员要树立全心全意为人民服务的精神，爱护猪，做到消毒认真，剂量、部位准确。接种后，向群众说明要加强饲养管理，使猪机体产生较好的免疫力，减少接种后的反应。

预防接种发生反应是一个复杂的问题，是由多方面因素造成的。生物制品对机体来说，都是异物，经接种后总有反应过程，不过反应的性质和强度可以有所不同。在预防接种中成为问题的不是所有的反应，而是那些不应有的不良反应或剧烈反应。所谓不良反应，一般认为就是经预防接种后引起了持久的或不可逆的组织器官损害或功能阻碍而致的后遗症。反应类型可分为：

（1）正常反应　是指由于制品本身的特性而引起的反应，其性质与反应强度随制品而异。例如，某些制品有一定的毒性，接种后可以引起一定的局部或全身反应；有些制品是活菌苗或活疫苗，接种后实际是一种轻度感染，也会发生某种局部或全身反应。随着科学的发展，通过进一步加强研究、改进质量和接种方法，反应问题是可以逐步解决的。

（2）严重反应　和正常反应在性质上没有区别，但程度较重或发生反应的猪数超过正常比例。引起严重反应的原因：或由于某一批生物制品质量较差，或是使用方法不当，如接种剂量过大、接种技术不正确、接种途径错误等；或是个别猪对某种生物制品过敏。这类反应通过严格控制制品质量和遵照使用说明书可以减少到最低限度，只有在个别特殊敏感的猪身上才会发生。

（3）合并症　是指与正常反应性质不同的反应。主要包括：超敏感（血清病、过敏性休克、变态反应等）、扩散为全身感染（由于接种活疫苗后，机体防御机能不全或遭到破坏时可发生）和诱发潜伏感染。

同一地区，同一种猪，在同一季节内往往可能有两种以上疫病流行。如果同时接种两种以上的疫苗（使用多联多价制剂和联合免疫的方法）是否能达到预期的免疫效果呢？一般认为，当同时给猪接种两种以上的疫苗时，这些疫苗可分别刺激机体产生多种抗体，它们可能彼此无关，也可能彼此发生影响。影响的结果，可能是彼此促进，有利于抗体的产生，也可能互相抑制，使抗体的产生受到阻碍。同时，还应考虑猪机体对疫苗刺激的反应是有一定限度的。同时注入疫苗种类过多，机体不能忍受过多刺激时，不仅可能引起较剧烈的注射反应，而且还能减弱机体产生抗体的机能，从而降低预防接种的效果。因此，究竟哪些疫苗可以同时接种，哪些不可以同时接种还必须通过试验来证明。我国近年来经过大量试验研究，已成功生产猪瘟、猪丹毒、猪肺疫三联冻干疫苗等多种多联多价制剂。

仔猪的免疫接种须按合理的免疫程序进行。免疫过的妊娠母猪所产仔猪体内在一定时间内有母源抗体存在，对建立自动免疫有一定影响，因此对幼龄仔猪免疫接种往往不能获得满意结果。据试验，仔猪在 45～50 日龄以上接种猪瘟或猪丹毒疫苗才能获得较强的免疫力。

### （二）紧急接种

紧急接种是在发生传染病时，为了迅速控制和扑灭疫病的流行，而对疫区和受威胁区尚未发病的畜禽进行的应急性免疫接种。从理论上说，紧急接种以使用免疫血清较为安全有效。但因血清用量大、价格高、免疫期短，且在大批畜禽接种时往往供不应求，因此在实践中很少使用。多年的实践证明，在疫区内使用某些疫（菌）苗进行紧急接种是切实可行的。例如在发生猪瘟、口蹄疫等一些急性传染病时，已广泛应用疫苗紧急接种，取得了较好的效果。

在疫区内应用疫苗做紧急接种时，必须对所有受到传染威胁的猪逐头进行详细观察和检查，仅能对正常无病的猪以疫苗进行紧急接种。对病猪及可能已受感染的潜伏期病猪，必须在严格消毒的情况下立即隔离，不能再接种疫苗。由于在正常无病的猪群中可能混有一部分潜伏期病猪，这一部分病猪在接种疫苗后不能获得保护，反而促使其更快发病，因此在紧急接种后一段时间内猪群中反而有发病增多的可能，但由于这些急性传染病的潜伏期较短，而疫苗接种后机体很快就能产生抵抗力，因此发病数不久即可下降，最终能使流行很快停息。

紧急接种是在疫区及周围的受威胁区进行的免疫接种，受威胁区的大小视疫病的性质而定。某些流行性强的传染病如口蹄疫等，则在周围 5～10 千米以上。这种紧急接种，其目的是建立"免疫带"以包围疫区，就地扑灭疫情，但这一措施必须与疫区的封锁、隔离、消毒等综合措施相配合才能取得较好的效果。

### 三、药物预防

药物预防是为了预防某些疫病，在猪群的饲料饮水中加入某种安全的药物进行集体的化学预防，在一定时间内可以使受威胁的易感猪不受疫病的危害，这也是预防和控制猪传染病的有效措施之一。

集体药物预防和集体治疗是防疫的一个较新途径，某些疫病在具有一定条件时采用此种方法可以收到显著的效果。所谓集体是指包括没有症状的猪在内的猪群单位。

在兽医方面随着大群集体诊断技术的应用成功，集体治疗也作为一种防治高度流行性传染病的方法被提出来了，因为淘汰患病猪群或屠宰病猪和阳性猪的方法都是很不经济的。集体治疗应使用安全而价廉的药物，最早大规模使用的是用于牛群灭蜱和羊群灭疥的药浴，以后发展了安全药物加入饲料和饮水中进行的集体药物预防。

长期使用药物预防，容易产生耐药性菌株，影响防治效果，因此要经常进行药物敏感试验，选择有高度敏感性的药物用于防治。而且，长期使用抗生素等药物预防某些疾病（如仔猪大肠杆菌病等）还可能对人类健康带来严重危害，因为一旦形成耐药性菌株，如有机会感染人类，则往往会贻误疾病的治疗。因此目前在某些国家倾向于以疫苗来防治这些疾病，而不主张采用药物预防的方法。

采用发酵床生态养猪，猪舍的垫料能够迅速降解、消化猪的粪便，垫料中的有益菌能抑制猪舍中的病原菌，不会产生臭气，从而减少猪只的发病机会。猪的粪尿是垫料中微生物菌群的营养来源，可使有益微生物菌群不断繁殖，转化为猪可食用的菌体蛋白，又成为猪的饲料。垫料发酵过程产生的热量使垫料表面温度升高，冬季达到 $17\sim18℃$，底层达到 $50℃$ 左右，能杀死或抑制细菌、病毒的繁殖，有利于猪的健康生长。

### 四、消毒

消毒是贯彻"预防为主"的方针的一项重要措施，消毒的目的是消灭传染源散播于外界环境中的病原体，切断传播途径，阻止疫病继续蔓延。

根据消毒的目的，消毒可分以下三种情况：

① 预防性消毒 结合平时的饲养管理对猪舍、场地、用具和饮水等进行定期消毒，以达到预防一般传染病的目的。

② 随时消毒 在发生传染病时，为了及时消灭刚从病猪体内排出的病原体而采取的消毒措施。消毒的对象包括病猪所在的猪舍、隔离场地以及被病猪分泌物、排泄物污染和可能污染的一切场所、用具和物品，通常在解除封锁前，进行定期的多次消毒，病猪隔离舍应每天或随时进行消毒。

③ 终末消毒 在病猪解除隔离、痊愈或死亡后，或者在疫区解除封锁之前，为了消灭疫区内可能残留的病原体所进行的全面彻底的大消毒。

以下介绍防疫工作中比较常用的一些消毒方法。

## （一）机械性清除

用机械的方法（如清扫、洗刷、通风等）消除病原体，是最普通、常用的方法。如猪舍地面的清扫和洗刷、猪体被毛的洗刷等，可以将猪体表的粪便、垫草、饲料残渣清除干净，并将猪体表的污物去掉。随着这些污物的消除，大量病原体也被消除。在消除之前，应根据清扫的环境是否干燥、病原体危害性大小决定是否需要先用清水或某些化学消毒剂喷洒，以免打扫时尘土飞扬，造成病原体散播，影响人畜健康。机械性清除不能达到彻底消毒的目的，必须配合其他消毒方法进行。清扫出来的污物，根据病原体的性质，进行堆沤发酵、掩埋、焚烧或其他药物处理。清扫后的房舍地面还需喷洒化学消毒药或用其他方法才能将残留的病原体消灭干净。

通风也具有消毒的意义。它虽不能杀灭病原体，但可在短期内使舍内空气交换，减少病原体的数量。如在 80 立方米的猪舍内，当无风与舍内外温差为 20℃时，约 9 分钟就可交换空气一次，而温差为 15℃时就需 11 分钟。通风的方法很多，如利用窗户或气窗换气、机械通风等。通风时间视温差大小可适当掌握，一般不少于 30 分钟。

## （二）物理消毒

1. 阳光、紫外线和干燥

阳光是天然的消毒剂，其光谱中的紫外线有较强的杀菌能力，阳光的灼热和水分蒸发引起的干燥也有杀菌作用。一般病毒和非芽孢性病原菌，在直射的阳光下几分钟至几小时可以被杀死，即便是抵抗力很强的细菌芽孢，连续几天在强烈的阳光下反复曝晒，也可以变弱或被杀灭。因此，阳光对于猪栏、用具和物品等的消毒具有很大的现实意义，应该充分利用。但阳光消毒能力的大小取决于很多条件，如季节、时间、纬度、天气等。因此，利用阳光消毒要灵活掌握，并配合其他方法进行。

在实际工作中，很多场所（如实验室等）用人工紫外线来消毒。紫外线虽有一定使用价值，但它的杀菌作用受很多因素的影响，如它对表面光滑的物体才有较好的消毒效果。空气中尘埃能吸收很大部分的紫外线，应用紫外线消毒时，室内必须清洁，最好能先做湿式打扫（洒水后再打扫），人也必须离开现场，因紫外线对人体有一定的损害（如应用漫射紫外线则对人体无害，漫射紫外线的装置与直射紫外线相反，即反光板装在灯下，紫外线直射天花板，然后漫射向下），消毒时间要求在30分钟以上，每平方米需1瓦特光能。若灯下装一台小吹风机，能增强消毒效果。

2.高温

用火焰烧灼和烘烤，是简单而有效的消毒方法。但其缺点是，很多物品由于烧灼会被损坏，因此实际应用并不广泛。当发生抵抗力强的病原体引起的传染病时，病猪的粪便、饲料残渣、垫草、污染的垃圾和其他价值不大的物品，以及倒毙病猪的尸体，均可用火焰加以焚烧；不易燃的猪舍地面、墙壁可以喷火消毒；金属制品也可用火焰烧灼和烘烤进行消毒。应用火焰消毒时必须注意房舍物品和周围环境的安全。

（1）煮沸消毒　是经常应用而又效果确实的方法。大部分非芽孢病原微生物在100℃沸水中迅速死亡，大多数芽孢在煮沸后15～30分钟内也能被杀死，煮沸1～2小时可以消灭所有病原体。各种金属、木制、玻璃用具和衣物等都可以进行煮沸消毒。其方法是将煮不坏的污染物品放入锅内，加水浸没物品，然后加热煮沸一定时间。煮沸消毒时在水中加少许碱（如1%～2%的苏打、0.5%的肥皂或苛性钠等）可使蛋白质、脂肪溶解，防止金属生锈，提高沸点，增强灭菌作用。

（2）蒸气消毒　相对湿度在80%～100%的热空气能携带许多热量，遇到消毒物品凝结成水，放出大量热能，因而能达到消毒的目的。这种消毒方法与煮沸消毒的效果相似，在农村一般利用铁锅和蒸笼进行。在一些交通检疫站，可设立专门的蒸汽锅炉或利用蒸汽机车和轮船的蒸汽对运输的车皮、船舱、包装工具等进行消毒。如果蒸汽和化学药品并用，杀菌力可以加强。高压蒸汽消毒在实验室和化制站应用较多。

### （三）化学消毒

在兽医防疫实践中，常用化学药品的溶液来进行消毒。化学消毒的效果决定于许多因素，例如病原体抵抗力的特点、所处环境的情况和性质、消毒时的温度、药剂的浓度、作用时间长短等。在选择化学消毒剂时应考虑对该病原体的消毒力强、对人畜的毒性小、不损害被消毒的物体、易溶于水、在消毒的

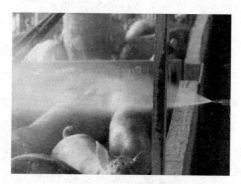

图5-2　猪场带猪喷雾消毒

环境中比较稳定、不易失去消毒作用（如对蛋白质和钙盐的亲和力要小）、价廉易得和使用方便等（图5-2）。

多种酸类、碱类、重金属盐类、氧化剂、酚及其衍生物、醇类、甲醛及其他化学药品都可用作化学消毒剂。它们各有特点，可按具体情况加以选用。下面介绍几种在兽医防疫方面最常用的化学消毒剂：

（1）氢氧化钠（苛性钠、烧碱）　对细菌和病毒均有强大的杀伤力，且能溶解蛋白质。常配成1%～2%的热水溶液消毒被细菌（巴氏杆菌、沙门菌等）或病毒（口蹄疫病毒、水泡病病毒、猪瘟病毒等）污染的畜舍、地面和用具等。本品对金属物品有腐蚀性，消毒完毕后要用水洗干净。本品对皮肤和黏膜有刺激性，消毒猪舍时，应驱出猪，隔半天以水冲洗饲槽、地面后，方可让猪进圈。

（2）碳酸钠　其粗制品又称碱。常配成4%热水溶液洗刷或浸泡衣物、用具、车船和场地等，以达到消毒和去污的目的。外科器械煮沸消毒时在水中加本品1%，可促进黏附在器械上的污染物的溶解，使灭菌更为完全，且可防止器械生锈。

（3）草木灰水　用新鲜干燥的草木灰10千克加水50千克，煮沸20～30分钟（边煮边搅拌，草灰因容积大，可分两次煮），去渣使用，一般可

用于消毒畜舍地面。各种草木灰中含有不同量的苛性钾和碳酸钾，一般20%草木灰水的消毒效果与1%氢氧化钠相似。

（4）石灰乳　用于消毒的石灰乳是生石灰（氧化钙）1份加水1份制成熟石灰（氢氧化钙，或称消石灰），然后用水配成10%～20%混悬液用于消毒。若熟石灰存放过久，吸收了空气中的二氧化碳，变成碳酸钙，则失去消毒作用。因此在配制石灰乳时，应随配随用，以免失效浪费。石灰乳有相当强的消毒作用，但不能杀灭细菌的芽孢，它适于粉刷墙壁、围栏、消毒地面、沟渠和粪尿等。用生石灰1千克加水350毫升化开而成的粉末，也可撒播在阴湿地面、粪池周围等处进行消毒。直接将生石灰粉撒播在干燥地面上，不发生消毒作用，反而会使猪蹄部干燥开裂。生石灰的杀菌作用主要是改变介质的pH值，夺取微生物细胞的水分，并与蛋白质形成化合物。

（5）漂白粉　又称氯化石灰，是一种应用广泛的消毒剂。其主要成分为次氯酸钙，是用气体氯将石灰氯化而成的。漂白粉遇水产生极不稳定的次氯酸，易离解产生氧离子和氯离子，通过氧化和氯化作用而呈现强大而迅速的杀菌作用。漂白粉的消毒作用与有效氯含量有关。其有效氯含量一般为25%～36%，但有效氯易散失，应将漂白粉保存于密闭、干燥的容器中，放在阴凉通风处，在妥善保存的条件下，有效氯每月损失约1%～3%。当有效氯低于16%时即不适于消毒。所以在使用漂白粉前，应测定其有效氯含量。漂白粉常用剂型有粉剂、乳剂和澄清液（溶液）。其5%溶液可杀死一般性病原菌，10%～20%溶液可杀死芽孢。常用浓度为1%～20%不等，视消毒对象和药品的质量而定。一般用于畜舍、地面、水沟、粪便、运输车船、水井等消毒，对金属及纺织品有破坏力，使用时应注意。漂白粉溶液有轻度的毒性，使用浓溶液时应注意人畜安全。

各种氨化合物如氯化铵、硫酸铵、硝酸铵、氨水等均为含氯剂的促进剂。促进剂能加强化学反应，因此可缩短消毒时间、降低消毒剂的浓度。

（6）氯胺-T（氯亚明）　结晶粉末，含有效氯11%以上。性质稳定，在密闭条件下可长期保存，携带方便，易溶于水。消毒作用缓慢而持久，可用于饮水消毒（0.0004%）、污染器具和畜舍的消毒（0.5%～5%）等。

（7）过氧乙酸（过乙酸）　纯品为无色透明液体，易溶于水。市售成品有40％水溶液，性质不稳定，须密闭避光贮放在低温（3～4℃）处，有效期半年。高浓度加热（70℃以上）能引起爆炸，但低浓度水溶液易分解，应现用现配。本品为强氧化剂，消毒效果好，能杀死细菌、真菌、芽孢和病毒。除金属制品和橡胶外，可用于消毒各种物品，如0.2％溶液用于浸泡污染的各种耐腐蚀的玻璃、塑料、陶瓷用具和白色纺织品，0.5％溶液用于喷洒消毒畜舍地面、墙壁、食槽、车船等。

（8）环氧乙烷　具有很高的化学活性和极强的穿透性，是一种高效广谱消毒剂。本品对各种病原体均有杀灭作用，可用于各种物品（毛、皮、衣物、医疗器械和仪器等）的消毒。但气温低于15℃时则不起作用。对各种害虫及虫卵有一定的毒杀作用。本品对人畜有一定的毒性，应避免接触其液体和吸入其气体。

（9）来苏尔　为钾皂制成的甲酚液（或称煤酚皂溶液），应含有不少于47％的甲酚。皂化较好的来苏尔易溶于水，对一般病原菌具有良好的杀菌作用，但对于芽孢和结核杆菌的作用小。常用浓度为3％～5％，用于猪舍、护理用具、日常器械、手部等消毒。

（10）克辽林　油状黑褐色液体，是皂化的煤焦油产物，带焦油芳香气味，又称臭药水。杀菌作用不强，常用其5％～10％水溶液消毒畜舍、用具和排泄物等。

（11）新洁尔灭、氯己定（洗必泰）、消毒净、度米芬　这四种都是季铵盐类阳离子表面活性消毒剂。新洁尔灭为胶状液体，其余为粉剂。均易溶于水，溶解后能降低液体的表面张力。其共同特性为毒性低、无腐蚀性、性质稳定、能长期保存、消毒对象范围广、效力强、速度快，对一般病原细菌均有强大的杀灭效果。

上述消毒剂的0.1％水溶液浸泡器械（如为金属器械需加0.5％亚硝酸钠以防生锈）、玻璃、搪瓷、衣物、敷料、橡胶制品，用新洁尔灭需经30分钟，用其余三种10分钟即可达到消毒目的。皮肤消毒可用0.1％新洁尔灭溶液或消毒净溶液或用0.02％～0.05％氯己定（洗必泰）、消毒净或度米芬的醇（70％）溶液，消毒效果与碘酊相当。

使用上述消毒剂时，应注意避免与肥皂或碱类接触。因肥皂属阴离子清洁剂，能对抗或减弱其抗菌效力，如已用过肥皂必须冲洗干净后再使用这些消毒剂。配制消毒液的水硬度过高时，应加大药物浓度 0.5～1 倍。

（12）氨水　消毒使用的氨水即为化肥厂生产的农用氨水的稀释液。氨水价廉易得，既可用于消毒畜舍，又可增加粪便污水的肥效。据试验，以 5%（用含氨量为 18% 的农用氨水 2.5 千克加水 6.5 千克配成）喷洒消毒，在 8～9℃室温下，可在 3 小时内杀灭猪瘟病毒，在 6 小时内杀灭巴氏杆菌及猪水泡病病毒等，在 12 小时内杀灭猪丹毒杆菌等，在 24 小时内杀灭沙门菌和大肠杆菌等。喷洒时消毒人员应戴用 2% 硼酸湿润的口罩和风镜，以减少对黏膜的刺激。

（13）戊二醛　市场上出售的戊二醛是其 25% 溶液，消毒常用其 2% 溶液，溶液呈酸性，以 0.3% 碳酸氢钠作缓冲溶液，使酸碱度调整至 7.5～8.5，杀菌作用显著增强。戊二醛溶液的杀菌力比甲醛更强，在国外是一种使用广泛的消毒药，常用于不耐高温的医疗器械的消毒，如金属、橡胶、塑料和有透镜的仪器等。其 2% 溶液对病毒作用很强，2 分钟内可使肠道病毒灭活，对腺病毒、呼肠孤病毒和痘类病毒等 30 分钟内可使其灭活。30 分钟内可杀死结核杆菌，3～4 小时内可杀死芽孢，且不受有机物影响，刺激性也较弱。

### （四）生物热消毒

生物热消毒主要用于污染的粪便的无害化处理。在粪便堆沤过程中，利用粪便中的微生物发酵产热，可使温度高达 70℃以上。经过一段时间，可以杀死病毒、病菌（芽孢除外）、寄生虫卵等病原体而达到消毒的目的，同时又保持了粪便的良好肥效。

在发生一般疫病时，这是一种很好的粪便消毒方法。但这种方法不适用于由产生芽孢的病菌所致疫病（如炭疽、气肿疽等）的粪便消毒，这种粪便最好予以焚毁。

### 五、传染病病猪的治疗和淘汰

传染病病猪的治疗，一方面是为了挽救病猪，减少损失，另一方面在某种情况下也是为了消除传染源，是综合性防疫措施中的一个组成部分。目前对各种猪传染病的治疗方法虽不断改进，但仍有一些疫病尚无有效的疗法。当认为病猪无法治愈，或治疗需要很长时间，所需医疗费用超过病猪痊愈后的价值，或当病猪对周围的人畜有严重的传染威胁时，可淘汰、宰杀。尤其是当某地传入一种过去没有发生过的危害性较大的新病时，为了防止疫病蔓延扩散，造成难以收拾的局面，应在严密消毒的情况下将病猪淘汰处理。在一般情况下，我们既要反对那种只管治不管防的单纯治疗观点，又要反对那种从另一个极端曲解"预防为主、防重于治"，认为重在预防，治疗就可有可无的偏向。

传染病病猪的治疗与普通病不同，特别是那些流行性强、危害严重的传染病，必须在严密封锁或隔离的条件下进行，务必使治疗的病猪不致成为散播病原的传染源。治疗工作应以唯物辩证法为指导思想，在用药方面坚持因地制宜、勤俭节约的原则。既要考虑针对病原体，消除其致病作用，又要帮助猪机体增强一般抗病能力和调整、恢复生理机能，采取综合性的治疗方法。病猪的治疗必须及早进行，不能拖延时间。另外还应尽量减少诊疗工作的次数和时间，以免经常惊扰而使病猪得不到安静的休养。不能单靠药物治疗，而应尽力扶持和增强病猪本身的抵抗力。

## （一）针对病原体的疗法

在猪传染病的治疗方面，帮助猪机体杀灭或抑制病原体，或消除其致病作用的疗法是很重要的，一般分为特异性疗法、抗生素疗法和化学疗法等。扼要介绍如下：

### 1. 特异性疗法

应用针对某种传染病的高度免疫血清、痊愈血清（或全血）等特异性生物制品进行治疗，因为这些制品只对某种特定的传染病有疗效，而对其他病无效，故称为特异性疗法。例如，破伤风抗毒素血清只能治疗破伤风，对其他病无效。

高度免疫血清主要用于某些急性传染病的治疗，如猪瘟、猪丹毒、巴氏杆菌病、破伤风等。一般在诊断确实的基础上在病的早期注射足够剂量的免疫血清，常能取得良好的疗效。如缺乏高度免疫血清，可用耐过猪或人工免疫猪的血清或血液代替，也可起到一定的作用，但用量须加大。使用血清时如为异种猪血清，应特别注意防止过敏反应。一般高度免疫血清很少生产，而且并不是随时可以购得，因此在兽医实践中的应用远不如抗生素或磺胺类药物广泛。

2. 抗生素疗法

抗生素为细菌性急性传染病的主要治疗药物，近年来在兽医实践中的应用日益广泛，并已获得显著成效。合理地应用抗生素，是发挥抗生素疗效的重要前提。不合理地应用或滥用抗生素往往会引起种种不良后果。一方面可能使敏感病原体对药物产生耐药性，另一方面可能引起机体不良反应，甚至引起中毒。使用时一般要注意如下几个问题：

（1）掌握抗生素的适应证。抗生素各有其主要适应证，可根据临床诊断，估计致病菌种，选用适当药物。最好以分离的病原菌进行药物敏感性试验，选择对此菌敏感的药物用于治疗。对革兰阳性细菌引起的感染如猪丹毒、破伤风、链球菌病和葡萄球菌感染等可选用青霉素和四环素类；对革兰阴性细菌引起的感染如巴氏杆菌病、大肠杆菌病和沙门菌病等则要优先选用链霉素；对耐青霉素及四环素类的金黄色葡萄球菌感染可选用红霉素及半合成的新青霉素，对绿脓杆菌感染则可选用庆大霉素和多黏菌素；对支原体或立克次氏体病则选用四环素类广谱抗生素；对真菌感染则选用灰黄霉素、制霉菌素、克霉唑（三苯甲咪唑）等。

（2）要考虑到用量、疗程、给药途径、不良反应、经济价值等问题。开始时剂量宜大，以便集中药力给病原体以决定性打击，以后再根据病情酌减用量；疗程应根据疾病的类型、病猪的具体情况决定，一般急性感染的疗程不必过长，可于感染控制后3天左右停药。用药期间应密切注意药物可能产生的不良反应（如肝、肾功能障碍等），及时停药，改换其他品种和相应的解救措施。在治疗病猪时还要考虑药物供应情况和价格等问题，凡有疗效好、来源广、价格便宜的磺胺类药物或中药可以代替的应尽量优先选用。

（3）不要滥用。滥用抗生素不仅对病猪无益，反而会产生种种危害。例如常用的抗生素对各种病毒性的传染病无效，一般不宜应用，即使在某种情况下应用于控制继发感染，但在病毒性感染继续加剧的情况下，对病猪也是无益而有害的。又如对发热原因不明、病情不太严重的病猪也不要轻易用抗生素治疗，把抗生素当作退热药的做法更是错误的。凡属可用可不用者尽量不用，可用窄谱抗生素时尽量不用广谱抗生素，一种抗生素能奏效的，就不必使用多种抗生素，这样可以减少或避免细菌耐药性的产生。

此外，还应注意食用猪在屠宰前一定时间内不准使用抗生素等药物治疗，因为这些药物在畜产品中的残留量对人类是有危害性的。

（4）抗生素的联合应用结合临床经验控制使用。联合应用时有可能通过协同作用增进疗效，如青霉素与链霉素的合用、土霉素与氯霉素的合用等主要可表现协同作用。但是，不适当的联合使用（土霉素与链霉素合用常产生拮抗作用），不仅不能提高疗效，反而可能影响疗效，而且增加了病菌对多种抗生素的接触机会，更易广泛地产生耐药性。

抗生素与磺胺类药物的联合应用，常用于治疗某些细菌性传染病。如链霉素和磺胺嘧啶的协同作用可以防止病菌迅速产生对链霉素的耐药性，这种方法可用于布氏杆菌病的治疗。青霉素与磺胺的联合应用常比单独使用的抗菌效果更好。

3.化学疗法

使用有效的化学药物帮助猪机体消灭或抑制病原体的治疗方法，称为化学疗法。治疗猪传染病最常用的化学药物有：

（1）磺胺类药物 这是一类化学合成的抗菌药物，可抑制大多数革兰阳性和部分阴性菌，对放线菌和一些大型病毒也有一定的作用，个别磺胺类药物还能选择性抑制某些原虫（如球虫等）。磺胺类药物种类很多，一般为口服，也可用其钠盐进行注射。除磺胺甲氧嗪及作用于消化道的磺胺脒等以外，其他如磺胺噻唑、磺胺嘧啶、磺胺甲基嘧啶、磺胺二甲基嘧啶等，在口服时应加等量的小苏打，以助其溶解、吸收和防止与泌尿系统结晶析出，造成严重后果。由于磺胺类药具有抑菌作用，为机体歼灭细菌创造了有利条件。因此，在治疗期间加强对病猪的饲养管理，提高机体自身的防御功能，对于彻底消灭病菌有着决定性的作用。

（2）抗菌增效剂 这是一类新型广谱抗菌药物，与磺胺类药物并用，能显著增加疗效，曾被称为磺胺增效剂。近年来发现这类药物也能大大增加某些抗生素的疗效，故现称抗菌增加效剂。国内已大量生产供临床使用的抗菌增效剂，有甲氧苄氨嘧啶和二甲氧苄氨嘧啶等。

甲氧苄氨嘧啶的抗菌谱与磺胺类药物相似且效力较强，对多种革兰阳性和阴性菌有效。其高敏细菌有大肠菌、沙门菌、变形细菌、梭菌、巴氏杆菌、流感嗜血杆菌、兽疫链球菌、弧菌等，敏感细菌有布氏杆菌、棒状杆菌、放线菌、波氏杆菌、金黄色葡萄球菌等。当与磺胺类药物（如磺胺嘧啶、磺胺-5-甲氧嘧啶、磺胺甲基嘧啶等，现已生产多种复方制剂）或抗生素（如四环素、庆大霉素等）联合应用时，抗菌作用明显增强，制剂可注射或内服。

二甲氧苄氨嘧啶（敌菌净）的抗菌作用与甲氧苄氨嘧啶相似，由于其生产工艺较简单、成本较低、毒性反应较弱，更适合于兽用。

### （二）针对猪机体的疗法

在猪传染病的治疗工作中，既要考虑帮助猪机体消灭或抑制病原体，消除其致病作用，又要帮助猪机体增强一般的抵抗力和调整、恢复生理机能，促使机体战胜疫病，恢复健康。

#### 1.加强护理

对病猪护理工作的好坏，直接关系到医疗效果的好坏。护理是治疗工作的基础。传染病猪的治疗应在严格隔离的畜舍中进行，冬季应注意防寒保暖，夏季应注意防暑降温。隔离舍必须光线充足、通风良好，并用单独的猪栏，防止病猪彼此接触；应保持安静、干爽、清洁，并经常进行消毒，严禁闲人入内。应供给病猪充分的饮水，因高热病猪经常需要喝水，每一病猪应单独有一水桶或水盆，每天更换清洁的饮水。给病猪以新鲜而易消化的高质量饲料，少喂勤添，必要时可人工灌服。根据病情的需要，也可用注射葡萄糖、维生素或其他营养性物质以维持其生命，帮助机体渡过难关。

#### 2.对症疗法

在传染病治疗中，为了减缓或消除某些严重的症状、调节和恢复机体的生理机能而进行的内、外科疗法，均称为对症疗法。如使用退热、止痛、止血、镇静、兴奋、强心、利尿、清泻、止泻、防止酸中毒和碱中毒、调节电解质平衡等药物以及某些急救手术和局部治疗等，都属于对症疗法的范畴。

### （三）中兽医疗法

中兽医在疫病治疗上，以发表、攻里、和解、开透、清凉、温燥、消化、补益等"八法"为基础，或用针灸，或用药剂相辅兼施，着重于调节机体的生理机能，辨证论治。有些药物对病原体也有明显的杀灭或抑制作用，如黄芩、板蓝根、穿心莲、蒲公英、金银花、杨树花、紫花地丁、连翘、鱼腥草、地锦草、败酱草、马齿苋以及大蒜、葱、韭菜等都含有一定的植物性抗菌物质，可用于防治某些猪传染病。

# 第六章 ➡

# 猪的传染病

## 第一节　病毒性传染病

### 一、猪瘟

#### （一）病原

猪瘟病毒属黄病毒科瘟病毒属。本病毒对外界环境的抵抗力较强，既能在冷冻条件下存活，也能在烟熏烤晒加工的肉品中存活，但不耐热，仅部分毒株可抵抗 56℃ 的温度。pH<3.0 或 pH>11.0 可灭活；能被 2% 氢氧化钠、1% 福尔马林、碳酸钠（4% 无水或 10% 结晶碳酸钠+0.1% 去污剂）灭活。

#### （二）流行病学

该病发生于亚洲大部分国家和地区，以及中美、南美、非洲及部分欧洲国家。在自然条件下，猪、野猪是猪瘟病毒的唯一宿主，其他动物有抵抗力。猪不分年龄、性别和品种均易感，一年四季都可发生。先是一头或几头猪发病，以后逐渐增多，经 1～3 周达到高峰，发病率 80%～100%。该病治疗无效，病死率极高，呈流行性或地方流行性。病毒主要经消化道、呼吸道感染，也可经眼结膜、伤口、输精感染及胎盘垂直传播。可通过直接接触感染动物的分泌物、排泄物、精液、血液而感染；或通过农场访问者、兽医及猪的贸易活动传播；或通过污染的栏舍、器具、车辆、衣物、设备及采血针头间接传播；用未煮沸的泔水喂猪也可导致传播。

传染源为病猪、愈后带毒和潜伏期带毒猪；病、死猪的所有组织、血液、分泌物和排泄物；持续毒血症并数月排毒的先天性感染的仔猪；带毒的猪源细胞苗及自然弱毒株。

### （三）临床症状

猪在胎儿期接触到猪瘟病毒有可能终身感染，潜伏期一般为几个月。仔猪接触病毒后潜伏期为 7～10 天，通常在感染后 5～10 天具感染性，但慢性感染病例一般在 3 个月后才具感染性。

1.急性型

高热稽留（41～42℃）；食欲减退，偶尔呕吐；嗜睡，挤堆；呼吸困难，咳嗽；结膜发炎，两眼有脓性分泌物；全身皮肤黏膜广泛性充血、出血（图 6-1）；皮肤发绀，尤以肢体末端（耳、尾、四肢及口鼻部）最显著；先短暂便秘，排球状带黏液（脓血或假膜碎片）粪块，后腹泻排灰黄色稀粪。大多在感染后 5～15 天死亡，小猪病死率可达 100%。

图 6-1 猪瘟（皮肤出血）（彩图）

2.慢性型

体温时高时低，呈弛张热型；便秘或下痢交替，以下痢为主；皮肤出现红色或紫红色斑块，后发生破溃结痂，耳、尾和肢端等坏死。病程长，可持续 1 个月以上，病死率低，但很难完全恢复。不死的猪，常成为僵猪。多见于流行中后期或猪瘟常发地区。

3.迟发型

迟发型猪瘟是先天猪瘟感染的结果。胚胎感染低毒猪瘟病毒，如产下正常仔猪，则终生有高水平的病毒血症，而出现免疫耐受现象。感染猪在出生后几个月可表现正常，随后发生轻度食欲不振、精神沉郁、结膜炎、皮炎、下痢和运动失调。病猪体温正常，大多数能存活 6 个月以上，但最终不免死亡。

4.温和型

多年来一些地区散发一种所谓的"无名高热"症，经研究证明多为猪瘟。因其潜伏期长，症状较轻不典型，病死率一般不超过 50%，抗菌药物治疗无效，称为"温和型"猪瘟。病猪呈短暂发热（一般为 40～41℃，少数达 41℃以上），无明显症状。母猪感染后长期带毒，受胎率低，出现流产、死产、木乃伊胎或畸形胎；所生仔猪先天感染，死亡或成为僵猪。

## （四）病理变化

### 1. 急性型

呈现以多发性出血为特征的败血症变化，此外消化道、呼吸道和泌尿生殖道有卡他性、纤维素性和出血性炎症反应。全身性出血、淤血，尤以皮肤（耳根、颈部、胸腹下、四肢内侧）淋巴结、喉头、膀胱、肾、回盲瓣处明显（图 6-2）。脾不肿大，边缘有暗紫色稍突出表面的出血性梗死，为猪瘟特征性病变，但一般不常见，仅 50%～70% 病例出现梗死病变。常见全身淋巴结肿大、出血，切面周边出血显著，呈红白相间的大理石状，多见于颌下、颈部和腹腔淋巴结。

图 6-2　猪瘟（肠道、肠系膜淋巴结出血）（彩图）

### 2. 慢性型

主要为坏死性肠炎，一般在回盲瓣口、盲肠及结肠黏膜上形成同心轮状的纽扣状溃疡，突出于黏膜面，颜色黑褐色，中央凹陷。通常无出血及炎性病变。全身性淋巴组织萎缩。仔猪常见胸腺萎缩，肋软骨连接处外生骨疣。

## （五）诊断

### 1. 初步诊断

依据典型临床症状和病理变化可做出初步诊断，确诊需进一步做实验室诊断。

### 2. 实验室诊断

在国际贸易中，猪瘟的指定诊断方法为过氧化物酶联中和试验（NPLA）、荧光抗体病毒中和试验（FAVN）、酶联免疫吸附试验，无替代诊断方法。

（1）病原鉴定　采病猪器官组织经冰冻切片，进行直接免疫荧光染色检验，或细胞培养分离病毒，结合免疫荧光或过氧化物酶法检测病毒。以单克隆抗体确诊鉴定。

（2）血清学试验　过氧化物酶联中和试验、荧光抗体病毒中和试验、酶联免疫吸附试验。

（3）样品采集　用于鉴定病原应采扁桃体（最合适的样品）、淋巴结（咽、肠系膜）、脾、肾、远端回肠、活病猪血液（经 EDTA 抗凝），上述样品置冷藏条件下（但不能冻结）尽快送至实验室。用于血清学试验应采疑似康复猪、母猪生下的疑似先天感染仔猪及被监测猪的血清样品。

3. 鉴别诊断

应与非洲猪瘟（临床上不能区分，须采样送检）、沙门菌病、猪丹毒、急性型巴氏杆菌病、病毒性脑脊髓炎、链球菌病、钩端螺旋体病、香豆素中毒等病区别。

## （六）防治

本病尚无治疗方法。感染猪须扑杀，动物尸体应销毁。在猪瘟流行的地区，使用猪瘟弱毒疫苗能有效地减少经济损失，但却不能有效地消灭猪瘟。在无猪瘟或进行猪瘟根除计划的地区，应禁止使用猪瘟疫苗免疫。

1. 预防

猪场应贯彻自繁自养的方针，建立种公猪及种母猪血清监督系统和有效的生猪认证及记录系统，并与动物防疫监督机构、兽医建立有效的联系，防止引进传染源、切断传播途径和提高猪群的抵抗力。检疫工作应特别抓住屠宰场和生猪的市场、收购、运输、仓贮以及病猪肉品的处理等环节。泔水等应煮沸消毒后喂猪。严禁将猪瘟病猪或污染病毒的物品带进猪场。

在猪瘟流行地区可采用猪瘟兔化弱毒疫苗，或与猪丹毒、猪肺疫制成的二联苗或三联苗免疫接种。

2. 处理

发生猪瘟的地区或猪场，应根据《中华人民共和国动物防疫法》的规定采取紧急、强制性的控制和扑灭措施。

发生疫情后，应立即向当地动物防疫监督机构报告，包括发病猪数、死亡数、发病地点及范围、临床症状和实验室检疫结果，并逐级上报至国务院畜牧兽医行政主管部门。由当地畜牧兽医行政主管部门划定疫点、疫区、受威胁区。由县级或县级以上人民政府发布封锁令，对疫区实行封锁，控制疫区内猪及其产品的流动。

扑杀病猪及同群猪，并进行无害化处理；严格消毒场地、猪舍、用具；污水、污物要严格消毒和无害化处理；对疫区、受威胁区的健康猪一律采用猪瘟疫苗进行紧急免疫接种，注射时每头猪要换一个针头，并可适当增加剂量至 2～5 头份，但不得应用二联苗或三联苗。

详细进行流行病学调查，包括上、下游地区的传染情况。对疫区以及周边地区进行监督。最后 1 头病猪死亡或扑杀后，经过 1 个潜伏期的观察，并经彻底消毒，可报请原发布封锁令的政府解除封锁。

## 二、猪流行性感冒

猪流行性感冒（猪流感）是由流行性感冒病毒引起的急性高度接触性传染病，传播迅速，呈流行性或大流行性。此病以发热和伴有急性呼吸道症状为特征。

### （一）病原

猪流感由甲型 $H_1N_1$ 流感病毒（A 型流感病毒）引发，携带有 $H_1N_1$ 亚型猪流感病毒毒株，包含有禽流感、猪流感和人流感三种流感病毒的核糖核酸基因片段，同时拥有亚洲猪流感和非洲猪流感病毒特征。本病毒目前常见的血清型有 $H_1N_1$、$H_1N_2$、$H_3N_1$、$H_3N_2$ 等，都能导致猪感染。猪流感病毒多被辨识为丙型流感病毒（C 型流感病毒），或者是甲型流感病毒的亚种之一。该病毒可在猪群中造成流感暴发。通常情况下人类很少感染猪流感病毒。

本病毒对热比较敏感，56℃30 分钟、60℃10 分钟、65～70℃ 数分钟即可灭活。该病毒对低温抵抗力较强，在 −70℃ 稳定，冻干冷冻可保存数年。

### （二）流行特点

各个年龄、性别和品种的猪对本病毒都有易感性。本病的流行有明显的季节性，天气多变的秋末、早春和寒冷的冬季易发生。本病传播迅速，常呈地方性流行或大流行。本病发病率高，死亡率低（4%～10%）。病猪和带毒猪是猪流感的传染源，患病痊愈后猪带毒6～8周。

### （三）临床症状

本病潜伏期很短，通常几小时到数天，自然发病时平均为4天。发病初期病猪体温突然升高至40.3～41.5℃，有时高达42℃；病猪厌食或食欲废绝，极度虚弱乃至虚脱，常卧地；呼吸急促、腹式呼吸、阵发性咳嗽；从眼和鼻流出黏液，鼻分泌物有时带血；病猪挤卧在一起，难以移动，触摸肌肉僵硬、疼痛，出现膈肌痉挛，呼吸顿挫，一般称这为打嗝。如有继发感染，则病势加重，发生纤维素性出血性肺炎或肠炎而死亡。个别病例可转为慢性，持续咳嗽、消化不良、瘦弱，长期不愈，可拖延一个月以上，也常引起死亡。母猪在妊娠期感染，产下的仔猪在产后2～5天发病很重，有些在哺乳期及断奶前后死亡。

### （四）病理变化

猪流感的病理变化主要在呼吸器官。鼻、咽、喉、气管和支气管的黏膜充血、肿胀，表面覆有黏稠的液体，小支气管和细支气管内充满泡沫样渗出液；胸腔、心包腔蓄积大量混有纤维素的浆液；肺脏的病变常发生于尖叶、心叶、叶间叶、膈叶的背部与基底部，与周围组织有明显的界线，颜色由红至紫、塌陷、坚实，韧度似皮革；脾脏肿大，颈部淋巴结、纵隔淋巴结、支气管淋巴结肿大多汁。

### （五）预防措施

① 铺垫和勤换干草，并定期用5%的烧碱溶液对猪舍进行消毒。

② 密切注意天气变化，一旦降温，及时取暖保温。

③ 防止易感猪与感染的动物接触。人发生A型流感时，也不能与猪接触。

④ 用猪流感佐剂灭活苗对猪连续接种两次，免疫期可达8个月。

⑤ 加强饲养管理，提高猪群的营养需求，定时清洁环境卫生，对已患病的猪只及时进行隔离治疗。

⑥ 人员防护。为了防止人畜共患，饲养管理员和直接接触生猪的人

宜采取有效防护措施，注意个人卫生；经常使用肥皂或清水洗手，避免接触患猪，平时应避免接触有流感样症状（发热、咳嗽、流涕等）或肺炎等呼吸道疾病的病人，尤其在咳嗽或打喷嚏后；避免接触生猪或有猪的场所；避免前往人群拥挤的场所；咳嗽或打喷嚏时用纸巾捂住口鼻，然后将纸巾丢到垃圾桶里。对死因不明的生猪一律焚烧深埋再做消毒处理。如人不慎感染了猪流感病毒，应立即向上级卫生主管部门报告，接触患病的人群应做相应 7 日的医学隔离观察。

### （六）治疗

① 清开灵注射液＋盐酸林可霉素注射液＋强效阿莫西林，按每千克体重 0.2～0.5 毫升，混合肌内注射，每日一次，连用 3 天。

② 在饲料中混入抗病毒 1 号粉（400 千克料/袋）＋多西环素 300 毫克/千克，混合均匀。连续拌料 10 天，同时饮水中加入电解多维。

③ 中药荆防败毒散防止猪流感有特效。

④ 及时隔离，栏圈、饲具要用 2% 火碱溶液消毒，剩料剩水深埋或无害化处理，在猪的饲粮中加入 0.05% 的盐酸吗啉胍（病毒灵）饲喂 1 周。

⑤ 用绿豆 250 克，柴胡、板蓝根各 100 克，煎水 10 千克让猪饮用，有较好的预防作用。

病猪要对症治疗，防止继发感染。可选用：15% 盐酸吗啉胍（病毒灵）注射液，按猪体重每千克用 25 毫克，肌内注射，每日 2 次，连注 2 天；30% 安乃近注射液，按猪体重每千克用 30 毫克，肌内注射，每日 2 次，连注 2 天。如全群感染，可用中药拌料喂服。中药方：荆芥、金银花、大青叶、柴胡、葛根、黄芩、木通、板蓝根、甘草、干姜各 25～50 克（每头计、体重 50 千克左右），把药晒干，粉碎成细面，拌入料中喂服，如无病猪食欲，可煎汤喂服，一般 1 剂即愈，必要时第 2 天再服 1 剂。

### （七）猪流感的警戒级别

1 级警戒：在自然界，由动物传播流感病毒，尤其是鸟类，但该病毒还没有在动物之间流传或传染给人类。

2 级警戒：来自动物的流感病毒对家养或野生动物形成传播并开始威

胁人类。

3级警戒：动物所携带的流感病毒已经感染小部分人群，但仅仅是有限感染，并未有迹象产生大面积传播的可能（禽流感属于3级警戒）。

4级警戒：被核实的已经感染某种传染病的动物，对人类进行传播而导致人类发生感染，并在一定区域发生一级暴发，其感染能力足以对社会产生重大影响。任何国家一旦出现这种情况必须要与世界卫生组织共同进行评估。

5级警戒：至少有两个以上国家或地区的人类在相互传播流感病毒。这表明病毒发生大规模扩散已经迫在眉睫。

6级警戒：全球开始大规模暴发动物流感。

### 三、猪传染性胃肠炎

猪传染性胃肠炎是猪的一种高度接触性肠道传染病，是临床上以呕吐、严重腹泻和脱水、致两周龄内仔猪高死亡率为特征的病毒性传染病。该病各种年龄的猪都易发生感染，但仔猪发病较严重，两周龄以内仔猪病死率很高，可达100%，5周龄以上猪的死亡率较低，成年猪几乎没有死亡。猪传染性胃肠炎病毒对氢氧化钠、甲醛、碘、碳酸以及季铵化合物等敏感；不耐光照，粪便中的病毒在阳光照射下6小时失去活性。该病毒对热敏感，56℃下30分钟能很快灭活；37℃下4天丧失毒力，但在低温下可长期保存，液氮中存放三年毒力无明显下降。

#### （一）病原

猪传染性胃肠炎病毒属于冠状病毒科冠状病毒属，有囊膜，形态多样，呈圆形、椭圆形或多边形。病毒对乙醚、氯仿、脱氧胆酸钠、次氯酸盐、氢氧化钠、甲醛、碘等敏感。病毒不耐热，56℃45分钟失去活性，紫外线可使病毒迅速失活。

#### （二）流行病学

猪对该病毒最为易感，而猪以外的动物如狗、猫、燕八哥等不易感，但它们能带毒、排毒。

该病毒的贮存形式至少有四种：第一种是呈亚临床症状的猪场，如育肥猪场或不断有新生仔猪的猪场，虽然该猪场已经感染病毒，但由于这些猪的抵抗力较强而没有出现临床症状，病毒仍然在猪群中传播，所以该病毒可持续存在于这些猪场，一旦具备了适宜发病的条件，即可引起本病的暴发；第二种是狗、猫、狐狸、燕八哥等动物，这些动物感染该病毒后可长期带毒，并不断向外排毒造成本病的传播；第三种是带毒猪或发病猪通过鼻内分泌物、粪便、乳汁向外界排毒，该病毒可在这些排泄物中生存一定时间；第四种是感染了该病毒的动物尸体。

本病有三种流行形式。其一呈流行性，对于易感的猪群，当该病毒入侵之后，常常会迅速导致各种年龄的猪发病，尤其在冬季，大多数猪表现出不同程度的临床症状；其二呈地方流行性，局限于经常有仔猪出生的猪场或不断增加易感猪（如育肥猪）的猪场中，虽然仔猪可经过疫苗注射产生抗体或从母猪乳汁中获得母源抗体，但受到时间和免疫能力的限制，当病毒感染力超过猪的免疫力时，猪将会受到感染；其三呈周期性地方流行，在本病流行间隙期中，病毒重新侵入猪场引起猪群感染，猪场中曾感染过的母猪具有免疫力，一般不会重复感染，无免疫力的哺乳仔猪和断奶仔猪可以发生感染。

### （三）临床症状

本病临床特征为呕吐和严重下痢。本病传播迅速，数日内可蔓延全群。仔猪突然发病，首先呕吐，继而发生水样腹泻，粪便呈黄色、绿色或白色，常混有未消化的凝乳块。日龄越小，病程越短，死亡率越高。2周龄以内的仔猪死亡率很高，虽然各种年龄的猪只对此种病毒都具敏感性，但5周龄以上者很少死亡。

一般2周龄以内的仔猪感染后12～24小时会出现呕吐，继而出现严重的水样或糊状腹泻，粪便呈黄色，常夹有未消化的凝乳块，恶臭；体重迅速下降，仔猪明显脱水，发病2～7天死亡，死亡率达100%；在2～3周龄的仔猪，死亡率在0～10%。断乳仔猪感染后2～4天发病，表现水泻，呈喷射状，粪便呈灰色或褐色，个别猪呕吐，在5～8天后腹泻停止，极少死亡，但体重下降，常表现发育不良，成为僵猪。有些母猪与患病仔猪密切接触导致反复感染，患病母猪症状较重，体温升高，泌乳停止，呕吐，食欲不振，腹泻，也有些哺乳母猪不表现临床症状。

### （四）病理变化

尸体脱水明显。眼观变化：胃内充满凝乳块，胃黏膜充血、出血；小肠充满气体（图6-3），肠壁弹性下降，管壁变薄，呈透明或半透明状；肠内容物呈泡沫状、黄色、透明；肠系膜淋巴结肿胀，淋巴管没有乳糜。心、肺、肾未见明显的病理病变。

图 6-3　猪传染性胃肠炎
（小肠充气）（彩图）

病理组织学变化可见小肠绒毛萎缩变短，甚至坏死，与健康猪相比，绒毛缩短的比例为 1 : 7；肠上皮细胞变性，黏膜固有层内可见浆液性渗出和细胞浸润。肾由于肾小管上皮变性，尿管闭塞而发生浊肿，脂肪变性。电子显微镜观察，可看到小肠上皮细胞的微绒毛、线粒体、内质网及其他细胞质内的成分变性，在细胞质空泡内有病毒粒子存在。

### （五）防治

本病目前无特效治疗方法，常采取下列措施综合防治：

（1）为防止该病的传入，应不从有病的地区购进猪只　尤其是冬春该病高发季节要特别注意，对所有新购进的猪要进行隔离饲养观察。一旦发生本病，要立即严格消毒和隔离病猪。对临产母猪应放在消毒过的猪圈内分娩。

（2）平常注意猪舍环境消毒和饲养管理　搞好猪舍环境卫生，注意防寒保暖。但要防止猪舍潮湿闷热，保持舍内空气新鲜，提高猪群健康水平，增强抗病力。规模养猪场实行"全进全出"管理，可有效地预防此病的发生。

（3）做好防疫注射工作。对于规模养猪场和老疫区，要用传染性胃肠炎弱毒冻干疫苗进行预防免疫。免疫妊娠母猪于产前 20～30 天注射 2 毫升，主动免疫初生仔猪注射 0.5 毫升，10～50 千克体重猪注射 1 毫升，50 千克体重以上的注射 2 毫升，免疫期均为 6 个月。

（4）在疫病流行期间可用猪新城疫Ⅰ系苗作紧急防治　按 50～100 倍

稀释，肌内注射1～2次。同时，也可用抗传染性胃肠炎免疫血清肌内或皮下注射，剂量按1毫升/千克体重；对同窝未发病的仔猪可做紧急预防，用量减半。或用康复猪的抗凝全血给病猪服下，新生仔猪每头每天口服10～20毫升，连续3天，有良好的防治作用。还可将病仔猪寄养给有免疫力的母猪代为哺乳。

（5）猪发病期间要适当停食或减食，及时补液　在患病期间大量补充等渗葡萄糖氯化钠溶液，供给大量清洁饮水，可使较大的病猪加速恢复，减少仔猪死亡。不能饮水的病仔猪应静脉注射或腹腔注射葡萄糖甘氨酸溶液（葡萄糖43.2克，氯化钠9.2克，甘氨酸6.6克，柠檬酸0.52克，柠檬酸钾0.1克，无水磷酸钾4.35克，溶于2升水中）。也可采用口服补液盐溶液灌服。

（6）使用抗菌药物防止继发感染，减轻症状　抗菌药物虽不能直接治疗本病，但能有效地防止细菌性疾病的并发或继发性感染。临床上常见的有大肠杆菌病、沙门菌病、肺炎及球虫病等，这些疾病能加重本病的病情，是引起死亡的主要因素。常用的肠道抗菌药有链霉素、痢菌净、硫酸庆大霉素、诺氟沙星、恩诺沙星、环丙沙星等。也可用醋蒜合剂（大蒜捣成蒜泥，加入4千克醋浸泡2～3天，取汁灌服，每天2次，连喂3天）。

## 四、猪细小病毒病

猪细小病毒病又称猪繁殖障碍病，是由猪细小病毒（PPV）引起的一种猪的繁殖障碍病，以妊娠母猪发生流产及产出死胎、畸形胎、木乃伊胎为特征，但母猪本身无明显的症状。

### （一）病原

猪细小病毒属于细小病毒科细小病毒属。病毒粒子呈圆形或六角形，无囊膜，基因组为单股DNA。该病毒对热具有较强抵抗力，56℃48小时或80℃5分钟可使感染性和血凝活性丧失，对乙醚、氯仿不敏感，pH适应范围广。

### （二）流行病学

各种不同年龄、性别的家猪和野猪均易感。传染源主要来自感染细小病毒的母猪和带毒的公猪，后备母猪比经产母猪易感染，病毒能通过胎盘垂直传播，感染母猪所产的死胎、仔猪及子宫内的排泄物中均含有很高滴度的病毒，而带毒猪所产的活猪可能长时间带毒、排毒。感染种公猪也是该病最危险的传染源，可在公猪的精液、精索、附睾、性腺中分离到病毒，种公猪通过配种传染给易感母猪，并使该病传播扩散。

污染的猪舍是猪细小病毒的主要贮存场所。在病猪移出，空圈4.5个月，经通常方法清扫后，再放进易感猪，仍可被感染。污染的食物及猪的唾液等均能长久地存在传染性。

仔猪、胚胎、胎猪通过感染母猪发生垂直感染；公猪、育肥猪和母猪主要是经污染的饲料、呼吸道、生殖道或消化道感染；初产母猪的感染多数是在与带毒公猪配种时发生的；鼠类也能传播本病。

本病具有很高的感染性，一旦病毒传入易感的健康猪群，3个月内几乎可导致猪群100%感染。本病多发生于春、夏季节或母猪产仔和交配季节。母猪妊娠早期感染时，胚胎、胎猪死亡率可高达80%～100%。母猪在妊娠期的前30～40天最易感染，妊娠期不同时间感染会造成死胎、流产、产木乃伊胎、产弱仔猪和母猪久配不孕等不同症状。

### （三）临床症状

妊娠母猪出现繁殖障碍，如流产、死胎、产木乃伊胎、产后久配不孕等。其他猪感染后不表现明显的临床症状。

猪群暴发此病时常与木乃伊胎、窝仔数减少、母猪难产和重复配种等临床表现有关。母猪在妊娠早期30～50天感染，胚胎死亡或被吸收，使母猪不孕和不规则地反复发情；妊娠中期50～60天感染，胎儿死亡之后，形成木乃伊；妊娠后期60～70天以上的胎儿有自免疫能力，能够抵抗病毒感染，则大多数胎儿能存活下来，但可长期带毒。

### （四）病理变化

眼观病变为母猪子宫内膜有轻微炎症，胎盘有部分钙化，胎儿在子宫有被溶解、吸收的现象，感染的胎儿有充血、水肿、出血、体腔积液、

图 6-4　猪细小病毒病
（胎儿体腔积液及部分胎盘钙化）（彩图）

脱水（木乃伊化）及坏死等病变（图 6-4）。

### （五）诊断

根据流行病学、临床症状和病理变化可做出初步诊断，确诊需进一步做实验室诊断。

1.病料采集

取流产胎儿、死产仔猪的肾、睾丸、肺、肝、肠系膜淋巴结或母猪胎盘、阴道分泌物，制成无菌悬液，备用。

2.病原分离

取流产胎儿、死产仔猪的肾等材料处理后接种细胞进行病毒分离。

3.病原鉴定

鉴定方法有免疫荧光试验、PCR 诊断试验、分子杂交试验。

（1）病毒抗原的检查

① PPV 荧光抗体直接染色法：在荧光显微镜下观察，若发现接种的细胞片中细胞核不着染，即可确诊。

② PPV 酶标抗体直接染色法：在普通生物显微镜下观察染色情况，若未接种 PPV 的正常对照细胞片中细胞核无棕色着染现象，而接种 PPV 的细胞片中细胞核着染，即可确诊。

③ PPV 血凝试验：若发现稀释后的样品有凝集红细胞的现象，而正常 PBS（磷酸缓冲盐溶液）红细胞对照无自凝现象，则可认为样品可疑还需用特异性的 PPV 标准阳性血清做血凝抑制试验，如能抑制样品的血凝现象，即可确诊为 PPV。

（2）血清学检查　血凝和血凝抑制试验（最为常用）、PPV 血清中和试验、酶联免疫吸附试验、免疫荧光试验。

本病应注意与猪伪狂犬病、猪乙型脑炎和猪布氏杆菌病等鉴别诊断。

### （六）防治

本病目前尚无有效治疗方法，主要采取预防措施。可对种猪，特别是后备种猪进行疫苗接种预防本病。

猪场原则上应实行自繁自养，防止将病毒猪引入；从场外引进猪时，须选自非疫区的健康猪群，进行猪细小病毒病的血凝抑制试验；进场后进行定期隔离检疫，确认健康时方能混群饲养或配种。

发生疫情时，首先应隔离疑似发病猪，尽快确诊，划定疫区，进行封锁，制定扑灭措施。做好全场特别是污染猪舍的彻底消毒和清洗。病死猪的尸体、粪便及其他废弃物应进行深埋或高温消毒处理。

### 五、猪伪狂犬病

猪伪狂犬病是由伪狂犬病病毒引起的一种急性传染病。感染猪的临床特征为体温升高，新生仔猪不但有神经症状，还有消化系统症状。成年猪常为隐性感染，妊娠母猪感染后可引起流产、死胎及呼吸系统症状，本病也可以发生于其他家畜和野生动物。

#### （一）病原

伪狂犬病毒属于疱疹病毒科猪疱疹病毒属，病毒粒子为圆球形，直径150～180纳米，核衣壳直径为105～110纳米。病毒粒子的最外层是病毒囊膜，它是由宿主细胞衍生而来的脂质双层结构。囊膜表面有长约8～10纳米呈放射状排列的纤突。

伪狂犬病毒V只有一个血清型，但不同毒株在毒力和生物学特征等方面存在差异。伪狂犬病毒是疱疹病毒科中抵抗力较强的一种。在污染的猪舍中能存活1个多月，在肉中可存活5周以上，一般常用的消毒药都有效。5％石炭酸经2分钟可使其灭活，但0.5％石炭酸处理32天后仍具有感染性。0.5％～1％氢氧化钠可迅速使其灭活。该病毒对乙醚、氯仿等脂溶剂以及福尔马林和紫外线照射敏感。

#### （二）流行病学

伪狂犬病毒在全世界广泛分布。伪狂犬病自然发生于猪、牛、绵羊、犬和猫，另外，多种野生动物、肉食动物也易感。水貂、雪貂因饲喂含伪狂犬病毒的猪下脚料也可引起伪狂犬病的暴发。实验动物中家兔最易感，小鼠、大鼠、豚鼠等也能感染。关于人感染伪狂犬病毒的报道很少，并且都不是以病毒分离为报道依据。如土耳其及我国台湾曾报道有血清学反应阳性者；欧洲也曾报道数例因皮肤伤口接触病料组织而感染，主要表现为局部发痒，未曾报告有死亡。最新的报道见于1992年，在波兰因直接接触伪狂犬病毒而感染的工人，首先是手部出现短暂的瘙痒，后扩展至背部和肩部。

病猪、带毒猪以及带毒鼠类为本病重要传染源。不少学者认为，其他动物感染本病与接触猪、鼠有关。

在猪场，伪狂犬病毒主要通过已感染猪排毒而传给健康猪，另外，被伪狂犬病毒污染的工作人员和器具在传播中起着重要的作用。而空气传播则是伪狂犬病毒扩散的最主要途径，但到底能传播多远还不清楚。人们还发现，在邻近有伪狂犬病发生的猪场周围放牧的牛群也能发病，在这种情况下，空气传播是唯一可能的途径。在猪群中，病毒主要通过鼻分泌物传播，另外，乳汁和精液也是可能的传播方式。

猪发生伪狂犬病后，其临床症状因日龄而异，成年猪一般呈隐性感染，妊娠母猪可导致流产、死胎、木乃伊胎和种猪不育等综合征。15日龄以内的仔猪发病死亡率可达100%，断奶仔猪发病率可达40%，死亡率20%左右；对成年育肥猪可引起生长停滞、增重缓慢等。

伪狂犬病的发生具有一定的季节性，多发生在寒冷的季节，但其他季节也有发生。

### （三）临床症状

猪伪狂犬病的临床表现主要取决于感染病毒的毒力和感染量，以及感染猪的年龄。其中，感染猪的年龄是最主要的，幼龄猪感染伪狂犬病毒后病情最重。

新生仔猪感染伪狂犬病毒会引起大量死亡，临床上新生仔猪第1天表现正常，从第2天开始发病，3～5天内是死亡高峰期，有的整窝死光。同时，发病仔猪表现出明显的神经症状，鸣叫、呕吐、拉稀，一旦发病，1～2日内死亡，病情极严重时，发病死亡率可达100%。仔猪往往突然发病，体温上升达41℃以上，呕吐，下痢，厌食，精神极度委顿，发抖，运动不协调，痉挛，角弓反张，有的后躯麻痹呈犬坐姿势，有的做前进或后退转动，有的倒地做划水运动，极少康复。断奶仔猪感染伪狂犬病毒，发病率在 20%～40% 左右，死亡率在 10%～20% 左右，主要表现为神经症状、拉稀、呕吐等。成年猪一般为隐性感染，若有症状也很轻微，易于恢复，主要表现为发热、精神沉郁，有些病猪呕吐、咳嗽，一般于 4～8 天内完全恢复。

妊娠母猪可发生流产、产木乃伊胎或死胎，其中以死胎为主，无论是初产母猪还是经产母猪都会发病，而且没有严格的季节性，但以寒冷季节即冬末春初多发。

伪狂犬病的另一发病特点表现为种猪不育症。近几年发现有的猪场春季暴发伪狂犬病，出现死胎或断奶仔猪患伪狂犬病后，紧接着下半年母猪配不上种，返情率高达 90%，有反复配种数次都配不上的。此外，公猪感染伪狂犬病毒后，表现出睾丸肿胀后萎缩，丧失种用能力。

### （四）病理变化

伪狂犬病毒感染一般无特征性病变。眼观主要见肾脏有针尖状出血点（图 6-5），其他肉眼可见病变不明显。可见不同程度的卡他性胃炎和肠炎，中枢神经系统症状明显时，脑膜明显充血，脑脊髓液量过多，肝、脾等实质脏器常可见灰白色坏死病灶，肺充血、水肿并有坏死点。母猪子宫内感染后可发展为坏死性胎盘炎。

图 6-5 伪狂犬病（肾脏针尖状出血）（彩图）

组织学病变主要是中枢神经系统的弥散性非化脓性脑膜脑炎及神经节炎，有明显的血管套及弥散性局部胶质细胞坏死。在脑神经细胞内、鼻咽黏膜、脾及淋巴结的淋巴细胞内可见核内嗜酸性包涵体和出血性炎症。有时可见肝脏小叶周边出现凝固性坏死。肺泡隔核小叶质增宽，淋巴细胞、单核细胞浸润。

### （五）鉴别诊断

根据疾病的临床症状，结合流行病学，可做出初步诊断，确诊必须进行实验室检查。同时要注意与猪细小病毒、流行性乙型脑炎病毒、猪繁殖与呼吸综合征病毒、猪瘟病毒、弓形虫及布氏杆菌等引起的母猪繁殖障碍相区别。

血清学诊断的多种血清学方法可用于伪狂犬病的诊断，应用最广泛的有血清中和试验、酶联免疫吸附试验、乳胶凝集试验、补体结合试验及间接免疫荧光试验等。其中血清中和试验的特异性、敏感性都是最好的，并且被世界动物卫生组织（OIE）列为法定的诊断方法。但由于血清中和试验的技术条件要求高、时间长，所以主要是用于实验室研究。酶联免疫吸附试验同样具有特异性强、敏感性高的特点，3～4 小时内可得出试验结果，并可同时检测大批量样品，因而广泛用于伪狂犬病的临床诊断。另外，近几年来，乳胶凝集试验以其独特的优点也在临床上被广泛应用，其操作极其简便，几分钟之内便可得出试验结果。

### （六）防治

本病尚无特效治疗药物，紧急情况下，用高免血清治疗，可降低死亡率。疫苗免疫接种是预防和控制伪狂犬病的根本措施，目前国内外已研制成功伪狂犬的常规弱毒疫苗、灭活疫苗以及基因缺失疫苗（包括基因缺失弱毒苗和灭活苗），这些疫苗都能有效地减轻或防止伪狂犬病的临床症状，从而减少该病造成的经济损失。

消灭牧场中的鼠类，对预防本病有重要意义。同时，还要严格控制犬、猫、鸟类和其他禽类进入猪场，严格控制人员来往，并做好消毒工作。必要时要进行血清学检测，阳性猪立刻淘汰。以后每隔 3～4 周进行一次血清学检测，阳性猪淘汰，一直到两次检测全部阴性为止。另外一种方式是培育健康猪，母猪产仔断乳后，尽快与仔猪分开，隔离饲养，每窝仔猪均须与其他窝仔猪隔离饲养。到 16 周龄时，做血清学检查（此时母源抗体转为阴性），所有阳性猪淘汰，30 日后再做血清学检查，把阴性猪合成较大群，最终建立新的无病猪群。

### 六、猪口蹄疫

口蹄疫是由口蹄疫病毒（FMD）引起的急性热性高度接触性传染病，主要侵害偶蹄兽，偶见于人和其他动物。以患病动物的口腔黏膜、蹄部及乳房皮肤发生水疱和溃烂为特征。口蹄疫的特点是起病急、传播极为迅速。本病发病率可达 100%，仔猪常不见症状而猝死，严重时死亡率可达 100%。该病一旦发生，如早期未及时扑灭，疫情常迅速扩大，造成不可收拾的局面，并且很难根除。口蹄疫发生后，不但疫区和非疫区间的活畜和畜产品交易受到严格限制，更为严重的是畜产品国际贸易会立即停止，从而使有口蹄疫的国家或地区外贸收入和经济发展遭受重大损失。世界动物卫生组织将该病列在 15 个 A 类动物疫病名单之首，我国政府也将其排在一类动物传染病的第一位。

### （一）病原

口蹄疫病毒属于小 RNA 病毒科口疮病毒属，有 7 个血清型〔O 型、A 型、C 型、Asia 1（亚洲 1）型、SAT 1（南非 1）型、SAT 2（南非 2）型和 SAT 3（南非 3）型〕，各血清型间无交叉保护。每个血清型内有许多抗原性有差别的病毒株，相互间交叉免疫反应程度不等。口蹄疫病毒呈球形，无囊膜，粒子直径 28～30 纳米。4℃时该病毒可存活 1 年，22℃时可存活 8～10 周，37℃时可存活 10 天，56℃时可存活 30 分钟。当 pH 低于 6 或高于 9 时，病毒很快失活。口蹄疫病毒对外界环境有较强的抵抗力，在干粪中病毒可存活 14 天，在粪浆中可存活 6 个月，在尿水中可存活 39 天，在地表面夏季可存活 3 天、冬季可存活 28 天。口蹄疫病毒在动物组织、脏器和产品中存活时间较长。冷冻存放条件下，该病毒在脾、肺、肾、肠、舌内至少存活 210 天；冷藏（4℃）条件下，胴体产酸能在 3 天内杀死该病毒，但淋巴结、脊髓和大血管血凝块的酸化程度不够，如肌肉 pH 值为 5.5 时，附近淋巴结的 pH 值仍在 6 以上。该病毒可在淋巴结和骨髓中存活半年以上。口蹄疫病毒对酸、碱、氧化剂和卤族消毒剂敏感，可根据实际条件选用。

### （二）流行病学

猪口蹄疫的发生和流行同样离不开传染源、传播媒介、易感猪三者构成的链条，其流行强度、波及范围与病毒株、宿主抵抗力和环境等多种因素有关。

1. 传染源

处于口蹄疫潜伏期和发病期的动物，几乎所有的组织、器官以及分泌物、排泄物等都含有 FMD 病毒。病毒随同动物的乳汁、唾液、尿液、粪便、精液和呼出的空气等一起排放于外部环境，造成了严重的污染，形成了该病的传染源。

2. 传播方式

口蹄疫病毒传播方式分为接触传播和空气传播，接触传播又可分为直接接触传播和间接接触传播。

（1）接触传播　直接接触传播主要发生在同群动物之间，包括圈舍、牧场、集贸市场、展销会和运输车辆中动物的直接接触，通过发病动物和易感动物直接接触而传播。间接接触传播主要指媒介物机械性带毒所造成的传播，媒介物包括无生命的媒介物和有生命的媒介物。鸟类、啮齿类、猫、狗、吸血蝙蝠、昆虫及其他野生动物等均可传播此病。通过与病畜接触或者与病毒污染物接触，病毒可被机械地传给易感动物。

（2）空气传播　口蹄疫病毒的气源传播方式，特别是对远距离传播更具流行病学意义。感染畜呼出的口蹄疫病毒形成很小的气溶胶粒子后，可以由风传播数十千米到上百千米，具有感染性的病毒能引起下风处易感畜发病。

本病的发生没有严格的季节性，但其流行却有明显的季节规律。在不同的地区，口蹄疫流行于不同的季节，有的国家和地区以春、秋两季为主。一般冬、春季较易发生流行，夏季减缓或平息。但在大群饲养的猪舍，本病无明显的季节性。

3. 易感途径

口蹄疫病毒可经吸入、摄入、外伤和人工授精等多种途径侵染易感猪。吸入和摄入是主要的感染途径。近距离非直接接触时，气源性传染（吸入途径）最易发生。此外，不可忽视其他可能的途径，如皮肤创伤、胚胎移植、人工授精等。

（三）临床症状

本病以蹄部水疱为特征，体温升高，全身症状明显，蹄冠、蹄叉、蹄踵发红，形成水疱和溃烂，有继发感染时，蹄壳可能脱落（图6-6）；病猪跛行，喜卧；病猪鼻盘、口腔、齿龈、舌、乳房（主要是哺乳母猪）也可见到水疱和烂斑；仔猪可因肠炎和心肌炎死亡。

### （四）病理变化

口蹄疫病理变化除口腔和蹄部的水疱和烂斑外，在咽喉、气管、支气管和前胃黏膜有时可见圆形烂斑和溃疡，具有诊断意义的是心脏病变，心包有弥散性及点状出血，心肌松软，心肌切面有灰白色或淡黄色斑点或条纹，好似老虎皮上的斑纹，故称"虎斑心"。

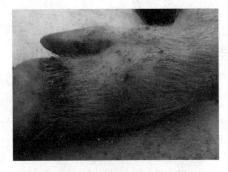

图 6-6　口蹄疫（蹄部水疱烂斑）
（彩图）

### （五）鉴别诊断

口蹄疫的临床症状主要是口、鼻、蹄、乳头等部位出现水疱。发病初期或之前，猪表现跛行。一般情况下主要靠这些临床症状做初步诊断，但表现类似症状的还有猪水疱病、猪水疱疹、水疱性口炎。因此，最终确诊要靠实验室诊断。

病原学诊断：

（1）病毒分离鉴定　病毒分离鉴定的首选病料是未破裂或刚破裂的水疱皮或水疱液，对新发病死亡的动物可采取脊髓、扁桃体、淋巴结组织等。

（2）补体结合试验　是根据抗原-抗体系统和溶血系统反应时均有补体参与的原理设计的，以溶血系统作为指示剂，限量补体测定病毒抗原。当病毒抗原与血清抗体发生特异性反应形成复合物时，加入的补体因结合于该复合物而被消耗，溶血系统中没有游离补体将不发生溶血，试验显示阳性。

### （六）预防

#### 1.扑杀病畜及染毒动物

扑杀这些动物的目的是消除传染源，病毒是最主要的传染源，其次是隐性感染动物和牛、羊等持续性感染带毒动物。疫情发生后，可根据具体情况决定扑杀动物的范围，扑杀措施由宽到严的次序可为病畜→病畜的同群畜→疫区所有易感动物。

### 2.免疫接种

免疫接种的目的是保护易感动物，提高易感动物的免疫水平，降低口蹄疫流行的严重程度和流行范围。现行油佐剂灭活疫苗的注射密度达80%以上时，能有效遏制口蹄疫流行。疫苗接种可分为常年计划免疫、疫区周围环状免疫和疫区单边带状免疫。实施免疫接种应根据疫情选择疫苗种类、剂量和次数，常规免疫应保证每年2～3次。

### 3.限制动物、动物产品和其他染毒物品移动

该措施的目的是切断传播途径。小到一个养猪户，大到一个国家，要想保持无口蹄疫状态，必须对上述动物和物品的引入和进口保持高度警惕。对于疫区必须有全局观念，其易感动物及动物产品运出是疫情扩散的主要原因。

### （七）治疗

① 口蹄疫外源性抗体用法：一次肌内注射，按1千克体重0.1毫升用药，首次量加倍，可有效控制引发的心肌炎，有效控制死亡率；也可用本品做紧急免疫（如有混感症状需要配合比较敏感的抗生素使用，如头孢噻呋钠、头孢喹肟等）。配合荆防败毒散1千克拌500千克饲料，或健力源500克拌1吨饲料，可全群预防和治疗。

② 0.1%高锰酸钾溶液、适量碘甘油或1%～2%龙胆紫溶液适量。用法：先以0.1%高锰酸钾溶液冲洗患部，然后涂碘甘油或龙胆紫溶液。

③ 冰片5克、硼砂5克、黄连5克、明矾5克、儿茶5克。用法：患部以消毒水洗净后，研末撒布。

④ 贯众散15克、桔梗12克、山豆根15克、连翘12克、大黄12克、赤芍9克、生地黄9克、花粉9克、荆芥9克、木通9克、甘草9克、绿豆粉30克。用法：共研末加蜂蜜100克为引，开水冲服，每日一剂，连用2～3剂。

## 七、猪水疱病

猪水疱病是由一种肠道病毒引起的急性传染病，该病流行性强，发病率高，以蹄部、口部、鼻端和腹部、乳头周围和黏膜发生水疱为特征。在症状上与口蹄疫极为相似，但牛、羊等家畜不发病。

### （一）病原

猪水疱病病毒归为小 RNA 病毒科肠道病毒属。猪水疱病病毒无囊膜、不含脂类和碳水化合物。病毒粒子呈二十面体对称，电镜下呈球形。在感染细胞内常可见病毒呈晶格排列和环形串珠状排列。

猪水疱病病毒具有良好的免疫原性，并且相当稳定。目前的猪水疱病灭活疫苗具有可靠的免疫效力。

猪水疱病病毒具有抗酸和乙醚的特点。猪水疱病病毒在各种环境条件下都相当稳定。生猪肉及其制品（香肠等）都会长期携带活病毒，带毒时间取决于周围的环境条件。猪尸体可带感染性活毒达 11 个月以上。从埋葬感染猪死尸周围的土质中的蚯蚓肠管中仍可分离到猪水疱病活病毒。猪肉产品经 60℃30 分钟和 80℃1 分钟即可杀灭猪水疱病病毒。

### （二）流行病学

在自然流行中，本病仅发生于猪，而牛、羊等家畜不发病，猪不分年龄、性别、品种均可感染。在猪高度集中或调运频繁的单位和地区，容易造成本病的流行，且猪的密度愈大，发病率愈高。

病猪、潜伏期的猪和病愈带毒猪是本病的主要传染源。处于潜伏期的猪，其皮肤和肌肉中已有高滴度的病毒。与病猪接触的猪 24 小时病毒即出现于鼻黏膜，48 小时出现于直肠和咽腔，第 4 天处于病毒血症状态，第 5 天出现初期水疱，经 2～3 天则破溃。大量排毒源是水疱液和水疱皮。10 天以上的破溃皮肤仍有很高的病毒滴度。病猪也可通过粪便和分泌物排毒。感染后猪鼻腔排毒 7～10 天，口腔排毒 7～8 天，咽腔排毒 8～12 天，直肠排毒 6～12 天。由于有病毒血症过程，所以所有组织均可成为传染源。

猪水疱病的暴发无明显季节性，一般夏季少发，多发于猪只集中的场所，不同品种不同年龄的猪均易感。

### （三）临床症状

猪水疱病的潜伏期为 2～6 天，接触传染潜伏期 4～6 天，喂感染的猪肉产品，则潜伏期为 2 天。蹄冠皮内接种 36 小时后即可出现典型病变。一般蹄冠皮内接种和静脉接种结果比较规律。首先观察到的是猪群中个别猪发生跛行，在硬质地面上行走则较明显，并且病猪常弓背行走，有疼痛反应，或卧地不起，体格越大的猪越明显；体温一般上升 2～4℃；损伤一般发生在蹄冠部、蹄叉间，可能是单蹄发病，也可能多蹄都发病；皮肤出现水疱与破溃，并可扩展到蹄底部，有的伴有蹄壳松动，甚至脱壳。水疱及继发性溃疡也可能发生在鼻镜部、口腔上皮、舌及乳头上。一般接触感染经 2～4 天的潜伏期出现原发性水疱，5～6 天出现继发性水疱。接种感染 2 天之内即可发病。猪一般 3 周即可恢复到正常状态。本病发病率在不同暴发点差别很大，有的不超过 10％，但也有的达 100％，死亡率一般很低。

### （四）病理变化

特征性病变是在蹄部、鼻盘、唇、舌面、乳房出现水疱。水疱破裂，水疱皮脱落后，暴露出创面有出血和溃疡。其他内脏器官无可见病变。

### （五）预防措施

控制猪水疱病很重要的措施是防止将病原带到非疫区，应特别注意监督牲畜交易和转运的畜产品。运输时对交通工具应彻底消毒，屠宰下脚料和泔水经煮沸方可喂猪。

加强检疫，在收购和调运时，应逐头进行检疫，一旦发现疫情立即向主管部门报告，按"早、快、严、小"的原则，实行隔离封锁。对疫区和受威胁区的猪只，可采用被动免疫或疫苗接种，以后实行定期免疫接种。病猪及屠宰猪肉、下脚料应严格实行无害化处理。环境及猪舍要进行严格消毒，常用于本病的消毒剂有过氧乙酸、福尔马林、氢氧化钠、氨水和次氯酸钠等。

## 八、猪繁殖与呼吸障碍综合征

猪繁殖与呼吸障碍综合征（PRRS）是近年来新发现的一种急性高度传染性病毒综合征。受感染的猪群主要以繁殖障碍和有呼吸系统症状为特征，母猪表现为流产，产木乃伊胎、死胎、弱仔，呼吸困难。仔猪患病后亦有呼吸困难症状。该病又名"猪不育和呼吸综合征""蓝耳病"，是严重危害养猪业的病毒性疾病之一。感染了本病的母猪流产、早产，产死胎率达 20％以上，新生仔猪和断奶仔猪死亡率可高达 80％以上；种公猪精液质量下降；育肥猪发病率高，死亡率低，发病后生长缓慢，饲料报酬降低，康复猪只可长期带毒和排毒。

### （一）病原

该病主要由猪繁殖与呼吸障碍综合征病毒所引起，该病毒属动脉炎病毒科动脉炎病毒属。用电子显微镜观察，该病毒粒子呈球形，直径 45～65 纳米，病毒粒子表面有许多小突起。此病毒对温度变化比较敏感，$-70℃$ 18 个月、$4℃$ 30 天、$20℃$ 6 天、$37℃$ 48 小时、$56℃$ 45 分钟病毒将失去活性。在 pH 值小于 5 或大于 7 的条件下，其感染力下降 90％。

### （二）流行病学

研究证明：本病只能使猪患病，猪是唯一的易感动物，任何年龄、性别、品种和用途的猪均可感染发病，其中尤以妊娠母猪和 1 月龄以内的仔猪最易感染。该病的病毒可通过多种途径传播。病毒随病猪的鼻腔分泌物、病公猪的精液和尿液排出，粪便排毒较少。主要感染途径是呼吸道，空气传播是本病的主要传播方式。猪群一旦感染本病，将长期带毒，病猪和隐性带毒猪是本病的主要传染源。饲养管理用具、运输工具等均可成为本病的传播媒介。因此，饲养管理不善、卫生防疫制度不健全、猪群密度过大、猪舍通风不良将为本病的暴发提供有利条件。

### （三）临床症状

发病猪只的表现因饲养管理、机体免疫状况、病毒毒株和毒力的强弱等的不同而存在一定的差异。人工感染潜伏期 4～7 天，自然感染一般为 14 天。根据病的严重程度和病程不同，临床表现不尽相同。

#### 1. 种母猪临床症状

种母猪临床症状主要表现为精神沉郁，食欲减退或废绝，嗜睡，咳嗽及不同程度的呼吸困难，间情期延长和不孕。妊娠母猪早产，后期流产，产死胎、木乃伊胎、弱仔，有的产后无乳。少数母猪表现暂时性的体温升高（39.6～40℃）、产后无乳、胎衣停滞或阴道分泌物增多。个别病猪的双耳、腹侧及外阴部皮肤呈现一过性的青紫色或紫斑块。

2.种公猪临床症状

种公猪发病率较低，仅为2%～10%，主要表现为咳嗽、打喷嚏、厌食，精神较差，呼吸加快，消瘦，运动障碍，无明显发热，性欲减弱，精子数量减少、活力下降。少数公猪双耳或体表皮肤发绀。

3.仔猪临床症状

仔猪临床症状主要表现为体温升高至40℃以上，呼吸困难，有时呈腹式呼吸，食欲减退或废绝，腹泻，离群独处或相互拥挤在一起，被毛粗乱，肌肉震颤，共济失调。有的发病仔猪呈"八"字形呆立，后躯瘫痪，逐渐消瘦，眼睑水肿；有的仔猪口鼻奇痒，常用鼻盘、口端摩擦圈舍壁栏，具有分泌物；少数仔猪可见耳部、体表皮肤发紫。发病仔猪死亡率可高达80%以上，甚至100%。耐过仔猪生长缓慢，且很易继发其他疾病。

4.育肥猪临床症状

育肥猪对本病的易感性较差，感染后仅表现出轻度症状，呈双眼肿胀、结膜炎和腹泻，并出现肺炎。少数病例表现为咳嗽，双耳背侧、边缘及腹部、尾部的皮肤有一过性的深紫色或斑块，并易发生继发感染。

图6-7　猪繁殖与呼吸障碍综合征
（肺实变）（彩图）

## （四）病理变化

对患繁殖与呼吸障碍综合征的母猪及弱仔猪进行解剖，可见胸腔内积有许多清亮的液体，偶见肺脏实变（图6-7）；解剖公猪和育肥猪，一般无眼观病理变化，显微镜检查可见间质性肺炎变化。

## （五）诊断

凡猪群中有8%以上的母猪发生流产，产木乃伊胎、死胎、弱仔和呼吸困难的，仔猪表现为呼吸困难、死亡率达26%以上的即可疑为本病。但仅根据临床症状及流行病学很难确诊，必须借助实验室诊断，包括病理组织学变化、病毒分离与鉴定、抗原检测及血清学诊断才能确诊。

## （六）实验室诊断

（1）病理组织学检查　本病无眼观病理变化，组织学检查必不可少。本病常见的病理变化是间质性肺炎，此外还可见鼻炎、脑炎、心肌炎等病理变化。

（2）病毒分离　取感染母猪的流产、死产胎儿的肺及其组织制成匀浆混合物，接种到原代肺泡巨噬细胞，可见到特征性的细胞圆缩、聚集和崩解等明显的细胞病变（CPE），即可证明病毒分离呈阳性，其后再做鉴定。木乃伊胎儿及已发生自溶的胎儿不能做病毒分离。

## （七）预防措施

1. 保护易感猪群

① 首选猪繁殖与呼吸障碍综合征灭活苗（安全、不散毒）进行免疫。

② 复方花青素 1000 克/吨＋70％阿莫西林 500 克/吨，拌料饲喂 15～20 天。

③ 复方花青素 1000 克/吨＋70％阿莫西林 500 克/吨，饮水 15～20 天。

④ 使用 0.2％的过氧乙酸对猪群消毒。

2. 隔离已感染猪群

① 对于已经感染的猪群一定要隔离治疗，治疗效果不明显时，或者没有效果时可以放弃、淘汰。

② 使用 0.2％的过氧乙酸对带毒猪消毒。

3. 治疗感染猪群

① 柴胡 10 毫升＋利巴韦林 2 毫升＋恩诺沙星 10 毫升注射，50 千克体重用量，一天两次。

② 复方花青素 5 克＋阿司匹林 1 克＋牛磺酸 5 克兑 500 毫升水喂服，一天两次。无效反弹的猪群建议淘汰。

③ 紧急加强接种猪繁殖与呼吸障碍综合征灭活苗，使用建议量的 2 倍接种，间隔 7～9 天后再接种一次。

④ 使用 0.2％的过氧乙酸对猪群带猪消毒。

4. 猪群病毒净化

① 一般来说，一旦感染了猪繁殖与呼吸障碍综合征都伴有猪瘟混合

感染，建议在上述治疗方案（2）的基础上使用抗猪瘟血清，抗猪瘟血清50毫升/支，2～4毫升/10千克体重，只用一次。

② 如果伴有附红细胞体、链球菌感染，在上面说的第二治疗方案的基础上，使用复方花青素 1000 克/吨＋70％阿莫西林 500 克/吨，拌料混饲 15～20 天。

### 九、猪圆环病毒病

本病是由猪圆环病毒引起的一种新的传染病，主要感染 8～13 周龄猪，其特征为患病猪体质下降、消瘦、腹泻、呼吸困难。

#### （一）病原

猪圆环病毒（PCV）为二十面体对称、无囊膜、单股环状 DNA 病毒。病毒粒子直径为 14～25 纳米，是目前发现的最小的动物病毒。

猪圆环病毒对外界的抵抗力较强，在 pH＝3 的酸性环境中很长时间不被灭活。该病毒对氯仿不敏感，在 56℃或 70℃处理一段时间不被灭活，在高温环境也能存活一段时间。该病毒不凝集牛、羊、猪等多种动物和人的红细胞。

#### （二）流行病学

血清学调查表明，PCV 在世界范围内流行。在德国和加拿大，猪群中 PCV 抗体阳性率分别高达 95％和 55％；在英国和爱尔兰，猪群中 PCV 抗体阳性率分别高达 86％和 92％，但不一定表现多系统衰竭综合征（PMWS）症状。在我国对部分省市猪群的检测中，20 日龄未断奶仔猪阳性率为 0，1～2 月断奶仔猪阳性率为 16.5％，后备母猪阳性率为 42.3％，经产母猪阳性率为 85.6％，育肥猪阳性率为 51％，总阳性率为 42.9％。临床症状可能在几个月内持续存在，在 6～12 个月达到高峰，之后下降；群与群之间的感染有很大差别，因为仔猪体内母源的 PCV 抗体在其出生后 8～9 周龄时消失，而小猪转移到育肥圈时（11～13 周龄）又接触了PCV，PCV 抗体又出现了。

#### （三）传播途径

猪对 PCV 具有较强的易感性，感染猪可自鼻液、粪便等废物中排出病毒，经口腔、呼吸道途径感染不同年龄的猪。妊娠母猪感染 PCV 后，可经胎盘垂直传播感染仔猪。人工感染 PCV 血清阴性的公猪后精液中含有 PCV 的 DNA，说明精液可能是另一种传播途径。用 PCV 人工感染试验猪后，其他未接种猪的同居感染率是 100%，这说明该病毒可水平传播。猪在不同猪群间的移动是该病毒的主要传播途径，该病毒也可通过被污染的衣服和设备进行传播。

工厂化养殖方式可能与本病有关，饲养管理不善、恶劣的断奶环境、不同来源及年龄的猪混群、饲养密度过高及刺激仔猪免疫系统均为诱发本病的重要因素，但猪场的大小并不重要。

### （四）临床症状

与 PCV 感染有关的疾病主要有如下几种：

1. PMWS 的临床症状

最常见的是猪只渐进性消瘦或生长迟缓，其他症状有厌食、精神沉郁、行动迟缓、皮肤苍白、被毛蓬乱、呼吸困难，以咳嗽为特征的呼吸障碍。较少发现的症状为腹泻和中枢神经系统紊乱。发病率一般很低而病死率很高。病猪体表浅淋巴结肿大，肿胀的淋巴结有时可被触摸到，特别是腹股沟浅淋巴结；贫血和可视黏膜黄疸。在一头猪身上可能见不到上述所有临床症状，但在发病猪群可见到所有的症状。胃溃疡、嗜睡、中枢神经系统障碍和突然死亡较为少见。在通风不良、过分拥挤、空气污浊、混养以及感染其他病原等因素时，病情明显加重，一般病死率为 10%～30%。

2. 先天性颤抖的症状

颤抖由轻微到严重不等，一窝猪中感染的数目变化也较大。严重颤抖的病仔猪常在出生后 1 周内因不能吮乳而饥饿致死。耐过 1 周的仔猪能存活，3 周龄时康复。颤抖是两侧性的，乳猪躺卧或睡眠时颤抖停止。外部刺激如突然声响或寒冷等能引发或增强颤抖。有些猪在整个生长期一直不能完全康复。发病窝猪常为新引入的年轻种猪所生，这表明这些血清学阴性种猪在妊娠的关键期接触了 PCV。

3. 常见的混合感染

PCV 感染可引起猪的免疫抑制，从而使机体更易感染其他病原，这也是圆环病毒与猪的许多疾病混合感染有关的原因。最常见的混合感染有

PRRSV（繁殖与呼吸障碍综合征病毒）、PRV（伪狂犬病毒）、PPV（细小病毒）、肺炎支原体、多杀性巴氏杆菌、PEDV（流行性腹泻病毒）、SIV（猪流感病毒），有的呈二重感染或三重感染，其病猪的病死率也将大大提高，有的可达 25％～40％。

### （五）病理变化

#### 1.剖检病变

本病主要的病理变化为患猪消瘦，贫血，皮肤苍白；淋巴结异常肿

图 6-8　猪圆环病毒病
（肺肿胀）（彩图）

胀，内脏和外周淋巴结肿大到正常体积的 3～4 倍，切面为均匀的白色；肺部有灰褐色炎症和肿胀，呈弥漫性病变，比重增加，坚硬似橡皮样（图 6-8）；肝脏发暗，呈浅黄到橘黄色外观，萎缩，肝小叶间结缔组织增生；肾脏水肿（有的可达正常的 5 倍）、苍白，被膜下有坏死灶；脾脏轻度肿大，质地如肉；胰、小肠和结肠也常有肿大及坏死病变。

#### 2.组织学病变

病变广泛分布于全身器官、组织，存在广泛性的病理损伤。肺有轻度多灶性或高度弥漫性间质性肺炎；肝脏有以肝细胞的单细胞坏死为特征的肝炎；肾脏有轻度至重度的多灶性间质性肾炎；心脏有多灶性心肌炎。在淋巴结、脾、扁桃体和胸腺常出现多样性肉芽肿炎症。

### （六）诊断

本病的诊断必须将临床症状、病理变化和实验室的病原或抗体检测相结合才能得到可靠的结论。最可靠的方法为病毒分离与鉴定。

病理学检查在病猪死后极有诊断价值。当发现病死猪全身淋巴结肿大，肺退化不全或形成固化、致密病灶时，应怀疑本病。可见淋巴组织内淋巴细胞减少，单核吞噬细胞类细胞浸润及形成多核巨细胞，若在这些细胞中发现嗜碱性或两性染色的细胞质内包涵体，则基本可以确诊。

### （七）防治

① 采用抗菌药物减少并发感染，如采用氟苯尼考、阿米卡星、庆大-小诺米星、克林霉素、磺胺类药物等进行治疗，同时应用促进肾脏排泄和缓解类药物进行肾脏的恢复治疗。

② 采用黄芪多糖注射液并配合维生素 $B_1$＋维生素 $B_{12}$＋维生素 C 肌内注射，也可以使用多种维生素或氨基金维他饮水或拌料。

③ 选用新型的抗病毒剂如干扰素、白细胞介素、免疫球蛋白、转移因子等进行治疗，同时配合中药抗病毒制剂，会取得明显治疗效果。

# 第二节　猪细菌性传染病

## 一、猪炭疽病

炭疽是由炭疽杆菌引起的一种人畜共患的急性热性败血性传染病。其病变的特点是脾脏显著肿大，皮下及浆膜结缔组织出血性浸润，血液凝固不良，呈煤焦油样。

### （一）病原

猪炭疽病由炭疽杆菌所致，炭疽杆菌属于芽孢杆菌科需氧芽孢杆菌属，是长而直的大杆菌，革兰染色阳性，长 3～5 微米，宽 1～1.5 微米，有荚膜，无鞭毛，不能运动。在病畜体内单个存在或 3～5 个菌体相连形成短链，菌体连接处平截，如刀切状或微凹，呈竹节状，游离端则钝圆（图 6-9）。该菌在动物体内能形成荚膜，但在普通培养基上一般不形成荚膜。在厌氧条件下，菌体随着尸体腐败而死亡，荚膜仍可存留，称为"菌影"。在活的炭疽病畜体或死亡后未经解剖的尸体内，不形成芽孢，一旦暴露于空气中，接触了游离氧，在一定温度下（12～24℃）

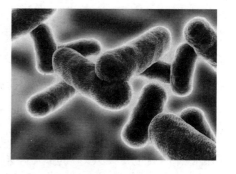

图 6-9　炭疽杆菌（彩图）

就可形成芽孢。芽孢呈卵圆形或圆形，位于菌体中央或稍偏向一端，不大于菌体。

炭疽杆菌为需氧菌，最适生长温度为 30～37℃，最适 pH 值为 7.2～7.6。其营养要求不高，普通培养基中可生长。在普通培养基中形成由十个至数十个菌体相连的长链。菌落为扁平灰白色，表面粗糙，低倍镜检查时，菌落边缘呈卷发状。在血液琼脂平板上生长良好，不溶血。强毒炭疽杆菌在普通肉汤培养基中，能生长成菌丝或絮状菌团，上清透明，管内有大量的白色絮状沉淀，轻摇时，沉淀物升起后渐渐下沉，絮状物卷绕成团不易摇碎。明胶穿刺培养 2～4 天，可沿穿刺线长成白色的倒立松树状，沿穿刺线由表面向下液化呈漏斗状。强毒株液化能力较强。

炭疽杆菌能发酵葡萄糖，产酸不产气，不发酵阿拉伯糖、木糖和甘露醇。VP 试验阳性，不产生吲哚和硫化氢，能还原硝酸盐。在固体（琼脂平皿）或液体（肉汤）培养基中，按每毫升加入 0.05～0.5 国际单位青霉素进行培养时，菌体发生膨胀、粘连，显微镜检查时，炭疽菌体形成串珠状，这一特点常用于诊断时的细菌鉴定。

炭疽杆菌存在于炭疽污染的尸体、土壤和水中。病畜死亡后各个脏器、血液、淋巴系统、分泌物及排泄物等处均有炭疽杆菌存在。其中以脾脏的含菌量最多，血液的含菌量次之。

炭疽杆菌的繁殖型菌体对外界的抵抗力较弱，在夏季未解剖的尸体中经 24～96 小时死亡；在阳光照射下能生存 6～15 小时；在干燥的血液里可生存 1 个月；加热至 70℃经 10～15 分钟，或煮沸可立即死亡；在低温低于－20～10℃生存 3 周；未剖开的尸体，炭疽杆菌在骨髓中可存活 1 周。一般的消毒药能在短时间内杀死本菌。本菌在病畜体内和未剖开的尸体中不形成芽孢，但暴露于充足氧气和适当的温度下能在菌体中央形成芽孢，炭疽芽孢对外界的抵抗力特别强大，在干燥状态下，可存活 30～50 年或以上；在直射阳光下可生存 100 小时；在炭疽污染的土壤、皮张、毛及炭疽尸体掩埋地中能存活数十年；如在粪堆中温度达到 72～76℃时则可在 4 日内死亡；121℃高压灭菌须 10～15 分钟才能杀死。消毒药 5％石炭酸经 1～3 天、3％～5％来苏尔经 10～24 小时、4％碘酊经 2 小时可杀死芽孢。畜舍、用具、粪便等现场消毒可用 20% 漂白粉，或 3%～5% 热氢氧化钠溶液、0.5% 过氧乙酸、0.1% 升汞溶液消毒。炭疽杆菌污染的皮张，浸于 2% 盐酸、10% 的食盐中，在 30℃ 下需 48 小时，在 18～22℃ 下需 72 小时才能达到消毒的目的。

### （二）流行病学

家畜、野生动物和人对于炭疽都有不同程度的易感性。自然情况下，绵羊、牛、驴、马、骡、山羊、鹿最多发病，骆驼、水牛及野生动物次之，猪对炭疽杆菌的抵抗力强，发病较少，犬、猫最低，家禽一般不感染。野生动物，如虎、豹、狼、狐狸等吞食炭疽病死尸体而发病，并可成为本病的传播者。人主要通过食入或接触污染炭疽杆菌的畜产品而感染。实验动物以豚鼠、小鼠、家兔较敏感。

病畜是主要传染源。炭疽病畜及死后的畜体、血液、脏器组织及其分泌物、排泄物等均含有大量炭疽杆菌，如果处理不当则可散布传染。本病传染的途径有三：第一，通过消化道感染，因食入被炭疽杆菌污染的饲料或饮水受到感染，圈养时食入未经煮沸的被污染的泔水感染，农村放牧猪拱土被污染土壤感染；第二，通过皮肤感染，主要是由带有炭疽杆菌的吸血昆虫叮咬及创伤而感染；第三，通过呼吸感染，是由于吸入混有炭疽芽孢的灰尘，经过呼吸道黏膜侵入血液而发病。

炭疽芽孢在土壤中生存时间较久，可使污染地区成为疫源地。大雨或江河洪水泛滥时可将土壤中病原菌冲刷出来，污染放牧地或饲料、水源等随水流范围扩大传染。该病有一定季节性，夏季发病较多，秋、冬季发病较少。夏季发生较多与气温高、雨量多、洪水泛滥、吸血昆虫大量活动等因素有关。

### （三）临床症状

1. 隐性型

猪对炭疽的抵抗力较强，因此，猪发生炭疽大多数是慢性，无临床症状，多在屠宰后肉品卫生检验时才被发现，这是猪炭疽常见的病型。

2. 亚急性型

猪吃入炭疽杆菌或芽孢，侵入咽部及附近淋巴结以及相邻组织大量繁殖，引起炎症反应。主要表现咽炎，体温升高，精神沉郁，食欲不振，颈部、咽喉部明显肿胀，黏膜发绀，吞咽和呼吸困难，颈部活动不灵活，口、鼻黏膜呈蓝紫色，最后窒息而死。也有的病例可治愈。

**3.急性型**

本型少见发生，病猪体温升高至 41.5℃ 以上，初期兴奋不安，以后变为虚弱，可视黏膜发绀，便血尿血，有时乳汁中带有少量血液，呼吸高度困难，天然孔出血，一般 1～2 天死亡或突然死亡。

在国内只少数几次报道，主要是急性败血性食欲废绝，呼吸困难，可视黏膜发紫，1～2 天死亡，或突然死亡。

**4.肠型**

主要表现消化功能紊乱，病猪发生便秘及腹泻，甚至粪中带血，重者可死亡，轻者可恢复健康。

## （四）病理变化

当病死动物出现尸僵不全、血液凝固不良、天然孔流出带泡沫的黑红色血液时，疑为炭疽病。因炭疽病畜尸体内的炭疽杆菌暴露在空气中容易形成芽孢，炭疽芽孢对外界的抵抗力很强，不易彻底消灭，为此，在一般情况下，对怀疑死于炭疽的病畜禁止剖检。在特定情况下必须进行剖检时，应在专门的剖检室进行，或离开生产场地，准备足够的消毒药剂，工作人员应有安全的防护装备。

**1.急性败血型炭疽**

由于猪有抵抗力，此型发病少见，约占猪炭疽的 3% 左右，主要是牛、羊、驴、马等。猪发生此型时，可见程度不同的变化：尸僵不全，天然孔流出带泡沫的血液；黏膜呈暗紫色，有出血点，皮下、肌肉及浆膜有红色或黄红色胶样浸润，并有数量不等的出血点；血液黏稠，颜色为黑紫色，不易凝固；脾脏肿大，包膜紧张，黑紫色；淋巴结肿大、出血；肺充血、水肿；心、肝、肾也有变性；胃肠有出血性炎症。

**2.肠型炭疽**

肠型炭疽多见于十二指肠及空肠，以淋巴组织为中心，在黏膜充血和出血基础上，形成局灶性病变，初为红色圆形隆起，与周围界限明显，表面覆有纤维素，随后发生坏死，坏死可达黏膜下层，形成固膜性灰褐色痂，周围组织及肠系膜出血。肠系膜淋巴结亦见相似病变。腹腔有红色液体，脾肿大、质软，肾充血或出血。有的可见肺部炎症。

### 3.咽炭疽

咽炭疽约占全部猪炭疽的 90% 左右。病猪咽喉及颈部皮下炎性水肿，切开肿胀部位，可见广泛的组织液渗出，有黄红色胶冻样液体浸润；颈部及颌下淋巴结肿大、充血、出血，或见中央稍凹下的黑色坏死灶；喉头、会咽、软腭、舌根等部位可见肿胀和出血；扁桃体常见出血或坏死。

### 4.慢性咽炭疽

猪多在宰后检验中发现慢性咽炭疽。其特征变化是咽部发炎，以扁桃体为中心，扁桃体肿大、出血和坏死。咽背及颌下淋巴结肿大、出血和坏死，切面干燥、无光泽，呈黑红或砖红色，有灰色或灰黄色坏死灶。周围组织有大量黄红色胶样浸润。

## （五）治疗

急性和亚急性病猪，早期确诊并及时治疗十分重要。慢性炭疽病猪治疗受到限制，但都必须在严密隔离和专人护理的条件下进行治疗。

### 1.血清疗法

抗炭疽血清是治疗炭疽的特效生物制剂，病初应用可获得良好的效果。大猪一次量为 50～100 毫升，小猪为 30～80 毫升，可一半静脉注射，一半皮下注射。必要时可在 12 小时或 24 小时重复注射 1 次。为避免过敏反应，最好使用同种动物的抗炭疽血清。如用异种动物的血清，应先皮下注射 0.5～1 毫升，观察 0.5 小时后无特殊反应再注射全量。抗生素和抗炭疽血清同时应用效果更好。

### 2.抗生素和磺胺类药物治疗

以青霉素治疗效果好，猪每次肌内注射 40 万～80 万单位，每日注射 2 次，连续 2～3 天。土霉素 1～29 克，静脉注射或肌内注射。或青霉素与土霉素、四环素同时使用。链霉素、环丙沙星、多西环素、林可霉素、庆大霉素、先锋霉素及磺胺噻唑、磺胺二甲基嘧啶也有疗效。肠炭疽还需配合口服克辽林（臭药水），每日 3 次，猪每次为 2～5 毫升。除此之外，还需配合对症治疗，并加强护理工作。

### （六） 防治措施

对炭疽常发地区或受威胁区的猪只，每年应定期进行预防注射，以增强猪体的特异性抵抗力，这是预防该病的根本措施。我国应用的有以下两种菌苗：

（1）无毒炭疽芽孢苗　猪皮下注射 0.5 毫升，注后 14 天产生免疫力，免疫期为 1 年。

（2）Ⅱ号炭疽芽孢苗　皮下注射 1 毫升，注射后 14 天产生免疫力，免疫期为 1 年。

不明原因死亡的猪只，不准食用，不能运到市场上去出售，应经兽医人员检验后再做处理。禁止到处乱扔死尸，应在指定的地点深埋。屠宰厂、肉联厂应加强对炭疽的检疫工作，严格执行兽医卫生措施。

发生猪炭疽后，立即向主管部门上报，迅速查明疫情，做出诊断，采取坚决措施，尽快扑灭疫情。①划定疫区、疫点，进行隔离、封锁，并严格执行封锁时的各项措施；在最后一头病猪死亡或痊愈后半个月，报请上级批准解除封锁，并进行一次大清扫和消毒。②对病猪及可疑病猪立即用抗炭疽血清注射，或与抗生素同时注射，进行防治。③对污染的圈舍、饲养管理用具等进行严格消毒；污染的饲料、粪便、废弃物烧掉；尸体应焚烧或深埋（菌体因尸体腐败而死亡，但也可能遗留后患，保留病原）。④在屠宰检验中，发现猪炭疽时，立即停止生产流程，全厂或车间进行消毒，按规定对检出病猪的前后一定数量屠宰猪进行无害化处理。⑤加强工作人员的防护工作，一旦有发病者，及早送医院治疗。

## 二、猪链球菌病

猪链球菌病是由多种不同群的链球菌引起的不同临床类型传染病的总称。常见的有败血性链球菌病和淋巴结脓肿两种类型。其特征为：急性病例常为败血症和脑膜炎，慢性病例则为关节炎、心内膜炎及组织化脓性炎症。

### （一）病原

猪链球菌是一种革兰阳性球菌，呈链状排列，无鞭毛，不运动，不形成芽孢，但有荚膜。为兼性厌氧菌，但在无氧时溶血明显，培养最适温度为 37℃。菌落细小，直径 1～2 毫米，透明、发亮、光滑、圆形、边缘整齐，在液体培养中呈链状。到目前为止，该菌共有 35 个血清型。猪链球菌常污染环境，可在粪、灰尘及水中存活较长时间。该菌在 60℃ 水中可存活 10 分钟，50℃ 时存活 2 小时；在 4℃ 的动物尸体中可存活 6 周；0℃ 时灰尘中的细菌可存活 1 个月，粪中则为 3 个月；25℃ 时在灰尘和粪中则只能分别存活 24 小时和 8 天。

### （二）发病原因

猪是主要传染源，尤其是病猪和带菌猪是本病的主要传染源，其次是羊、马、鹿、鸟、家禽（如鸭）等。猪体内猪链球菌的带菌率约为 20%～40% 左右，在正常情况下不引起疾病。如果细菌产生毒力变异，引起猪发病，病死猪体内的细菌和毒素再传染给人类，可引起人发病。

猪链球菌的自然感染部位是猪的上呼吸道（特别是扁桃体和鼻腔）、生殖道、消化道。主要是通过开放性伤口传播，如人皮肤或黏膜的创口接触病死猪的血液和体液引起发病，所以屠夫、屠场工发病率较高。部分患者也可以通过呼吸道传播。在猪与猪之间通过呼吸道和密切接触传播。

### （三）临床症状

本病在临床上分为猪败血性链球菌病、猪链球菌性脑膜炎和猪淋巴结脓肿三个类型。

#### 1.猪败血性链球菌病

本病潜伏期一般为 1～3 天，长的可达 6 天以上。根据病程的长短和临床表现分为最急性、急性和慢性三种类型。

（1）最急性型　发病急、病程短，病猪多在不见任何异常表现的情况下突然死亡。或病猪突然减食或停食，精神委顿，体温升高达 41～42℃，卧地不起，呼吸急促，多在 6.5～24 小时内迅速死于败血症。

（2）急性型　常突然发病，病初病猪体温升高达 40～41.5℃，继而升高到 42～43℃，呈稽留热，精神沉郁，呆立，嗜卧，食欲减退或废绝，喜饮水；眼结膜潮红，有出血斑，流泪；呼吸急促，间有咳嗽；鼻镜干燥，流出浆液性、脓性鼻汁；颈部、耳郭、腹下及四肢下端皮肤呈紫红色，并有出血点。个别病例出现血尿、便秘或腹泻。病程稍长，多在 3～5 天内因心力衰竭死亡。

图 6-10　猪链球菌病（关节肿大）

（彩图）

（3）慢性型　多由急性型转化而来。主要表现为多发性关节炎，一肢或多肢关节发炎（图 6-10）。病猪关节周围肌肉肿胀，高度跛行，有痛感，站立困难。严重病例后肢瘫痪，最后因体质衰竭、麻痹死亡。

2. 猪链球菌性脑膜炎

以脑膜炎为主症的急性传染病，多见于哺乳仔猪和断奶仔猪。哺乳仔猪的发病常与母猪带菌有关。较大的猪也可能发生。

病初病猪体温升高，停食，便秘，流浆液性或黏液性鼻汁，后迅速表现出神经症状，盲目走动，步态不稳，或做转圈运动，磨牙、空嚼。当有人接近或触及其躯体时，发出尖叫或抽搐，或突然倒地，口吐白沫，四肢划动，状似游泳，继而衰竭或麻痹。急性型多在 30～36 小时死亡；慢性型病程稍长，主要表现为多发性关节炎，病猪逐渐消瘦、衰竭死亡，或康复。

3. 猪淋巴结脓肿

以颌下、咽部、颈部等处淋巴结化脓和形成脓肿为特征。本病经口、鼻及皮肤损伤感染。各种年龄的猪均易感，以刚断奶的仔猪至出栏育肥猪多见。本病传播缓慢，发病率低。然而，一旦猪群中发生本病，往往持续不断，很难清除。

猪淋巴结脓肿以颌下淋巴结发生化脓性炎症为最常见，其次在耳下部和颈部等处淋巴结也常见到。受害淋巴结首先出现小脓肿，然后逐渐增大，感染后 3 周达 5 厘米以上，局部显著隆起，触之坚硬，有热痛。病猪体温升高，食欲减退，嗜中性粒细胞增多。由于局部受害淋巴结疼痛和压迫周围组织，可影响采食、咀嚼、吞咽，甚至引起呼吸障碍。脓肿成熟后自行破溃，流出绿色、稠厚、无臭味的浓汁。此时全身症状显著减轻。浓汁排净后，肉芽组织新生，逐渐康复。病程约2～3周，一般不引起死亡。

## （四）病变

眼观病变：死于败血性链球菌病的猪，可见颈下、腹下及四肢末端等处皮肤有紫红色出血斑点；急性死亡猪可从天然孔流出暗红色血液，凝固不良；胸腔有大量黄色或混浊液体，含微黄色纤维素絮片样物质；心包液增量，心肌柔软，色淡呈煮肉样；右心室扩张，心耳、心冠沟和右心室内膜有出血斑点；心肌外膜与心包膜常粘连；脾脏明显肿大，皮质、髓质界限不清，有出血斑点；胃黏膜、浆膜散在点状出血；全身淋巴结水肿、出血；脑脊髓可见脑脊液增量，脑膜和脊髓软膜充血、出血，个别病例脑膜下水肿，脑切面可见白质与灰质有小点状出血；患病关节多有浆液纤维素性炎症；关节囊膜面充血、粗糙、滑液浑浊，并含有黄白色奶酪样块状物；有时关节周围皮下有胶样水肿，严重病例周围肌肉组织化脓、坏死。

## （五）防治

### 1.治疗

将病猪隔离，按不同病型进行相应治疗。对淋巴结脓肿，待脓肿成熟（变软后）及时切开，排除脓汁，用30%双氧水或0.1%高锰酸钾冲洗后，涂以碘酊。对败血性链球菌病或链球菌性脑膜炎，应早期大剂量使用抗生素或磺胺类药物；青霉素每头每次40万～100万单位，每天肌内注射2～4次，庆大霉素1～2毫克每千克体重，每日肌内注射2次；也可用环丙沙星治疗，2.5～10毫克每千克体重，每隔12小时注射一次，连用3天，能迅速改善症状，疗效明显优于青霉素。

### 2.预防措施

① 隔离病猪，清除传染源，屠宰后发现可疑病猪的猪胴体，经高温处理后方可食用。

② 除去猪舍内的尖锐物体，以防猪体受伤感染。

③ 疫苗注射：免疫预防疫区（场）在60日龄首次免疫接种猪链球菌病氢氧化铝胶苗，以后每年春、秋各免疫一次，不论大、小猪一律每头肌内或皮下注射5毫升；浓缩菌苗每头注射3毫升，注射后21天产生免疫

力，免疫期约 6 个月；猪链球菌弱毒菌苗，每头猪肌内或皮下注射 1 毫升，14 天产生免疫力，免疫期 6 个月。

④ 添加药物。预防猪场发生本病，如果暂时买不到菌苗，可用药物预防以防止本病的发生。可每吨饲料中加入四环素 125 克，连喂 4～6 周。

### 三、猪破伤风

破伤风又名强直症，俗称"锁口风"，是由破伤风梭菌经伤口感染引起的一种急性中毒性人畜共患病。临床上以骨骼肌持续性痉挛和神经反射性增高为特征。本病广泛分布于世界各国，呈散在性发生。

#### （一）病原

破伤风梭菌，又称强直梭菌，为一种大型厌气性革兰阳性杆菌，两端钝圆、细长、正直或略弯曲的大杆菌，大多单在、成双或偶有短链排列；无荚膜，在动物体内、外能形成芽孢，其直径较菌体大，位于菌体一端，形似鼓槌状或羽毛球拍状；有鞭毛，能运动。该菌为严格厌氧菌，最适生长温度为 37℃，最适 pH 值为 7.0～7.5。在普通培养基上能生长，在血液琼脂平板上，可形成狭窄的 β 溶血环。在厌氧肉肝汤中，呈轻度浑浊生长，有细颗粒沉淀。

破伤风梭菌在动物体内及人工培养基内均能产生痉挛毒素、溶血毒素和非痉挛毒素。痉挛毒素是一种作用于神经系统的神经毒素，是引起动物特征性强直症状的决定因素，是仅次于肉毒梭菌毒素的第二种毒性最强的细菌毒素。它是一种蛋白质，对酸、碱、日光、热、蛋白质分解酶等敏感，65～68℃经 5 分钟即可灭能，通过 0.4％甲醛灭活、脱毒 21～31 天，可将它变成类毒素。用作预防注射的破伤风明矾沉降类毒素，就是根据这个原理制成的。制成的类毒素能使机体产生较强的免疫力，可有效地预防破伤风。溶血毒素和非痉挛毒素对破伤风的发生意义不大。

破伤风繁殖体对一般理化因素的抵抗力不强，煮沸 5 分钟即死亡。常用的消毒药液均能在短时间内将其杀死。但破伤风梭菌芽孢的抵抗力很强，在土壤中能存活几十年，煮沸 1～3 小时才会死亡；5％石炭酸经 15 分钟，5％煤酚皂液经 5 小时，0.1％升汞经 30 分钟，10％碘酊、10％漂白粉或 30％过氧化氢经 10 分钟，3％福尔马林经 24 小时才能杀死破伤风梭菌芽孢。

### （二）流行病学

该菌广泛存在于自然界，人和动物的粪便中存在该菌，施肥的土壤、尘土、淤泥等处也存在该菌。各种家养的动物和人对该菌均有易感性。实验动物中，豚鼠、小鼠对本菌易感，家兔有抵抗力。在自然情况下，感染途径主要是通过各种创伤感染，如猪的去势、手术、断尾、断脐带、口腔伤口及分娩创伤等，中国猪破伤风以去势创伤感染最为常见。

必须说明，并非一切创伤都可以引起发病，而是必须具备一定条件。由于破伤风梭菌是一种严格的厌氧菌，所以，伤口狭小而深，伤口内发生坏死，或伤口被泥土、粪污、痂皮封盖，或创伤内组织损伤严重、出血、有异物，或与需氧菌混合感染等情况下，才适合该菌的生长繁殖。临床上多数见不到伤口，可能是潜伏期创伤已愈合，或是由子宫、胃肠道黏膜损伤感染。该病无季节性，通常是零星发生。一般来说，幼龄猪比成年猪发病多，仔猪常因阉割引起发病。

### （三）临床症状

本病潜伏期最短 1 天，最长可达数月，一般是 1～2 周。潜伏期长短与动物种类、创伤部位有关，如创伤距头部较近，组织创伤口深而小，创伤深部损伤严重，发生坏死或创口被粪土、痂皮覆盖等，潜伏期短，反之则长。一般来说，幼龄猪感染的潜伏期较短，如脐带感染。猪常发生该病，头部肌肉痉挛，牙关紧闭，口流液体，常有"吱吱"的尖细叫声，眼神发直，瞬膜外露，两耳直立，腹部向上蜷缩，尾不摇动、僵直，腰背弓起，触摸时坚实如木板，四肢强硬，行走僵直，难于行走和站立。轻微刺激（光、声响、触摸）可使病猪兴奋性增强，痉挛加重。重者发生全身肌肉痉挛和角弓反张，死亡率高（图 6-11）。

图 6-11 破伤风（角弓反张）（彩图）

### （四）病理变化

解剖无可见的病理变化。

### （五）诊断

根据该病的特征性临床症状，如体温正常，神志清楚，反射的兴奋性提高，骨骼肌强直性痉挛，并有创伤史（如猪的去势等）等即可确诊。没有特异的剖检变化可供诊断。

### （六）防治

**1. 治疗**

（1）及时发现伤口和处理伤口　这是特别重要的环节之一。彻底清除伤口处的痂盖、脓汁、异物和坏死组织，然后用3％过氧化氢或1％高锰酸钾或5％～10％碘酊冲洗、消毒，必要时可进行扩创。冲洗消毒后，撒入碘仿硼酸合剂。也可用青霉素20万国际单位，在伤口周围注射。全身治疗用青霉素或青霉素＋链霉素肌内注射，早、晚各1次，连用3天，以阻止破伤风梭菌继续繁殖和产生毒素。

（2）中和毒素　早期及时用破伤风抗血清治疗，常可收到较好疗效。根据猪只体重大小，用10万～20万国际单位，分2～3次，静脉、皮下或肌内注射，每天1次。

（3）对症疗法　如果病猪强烈兴奋和痉挛，可用有镇静解痉作用的氯丙嗪肌内注射，用量100～150毫克；或用25％硫酸镁溶液50～100毫升，肌内或静脉注射；或用1％普鲁卡因溶液或加0.1％肾上腺素注射于咬肌或腰背部肌肉，以缓解肌肉僵硬和痉挛。为维持病猪体况，可根据病猪具体病情采用注射葡萄糖盐水、维生素制剂、强心剂和防止酸中毒的5％碳酸氢钠溶液等多种综合对症疗法。

**2. 防治措施**

防止和减少伤口感染是预防该病十分重要的办法。在猪只饲养过程中，要注意管理，消除可能引起创伤的因素；在去势、断脐带、断尾、接产及外科手术时，工作人员应遵守各项操作规程，注意术部和器械的消毒。对猪进行剖腹手术时，还要注意无菌操作。在饲养过程中，如果发现猪只有伤口，应及时处治。中国猪只发生破伤风，大多数是因民间的阉割方法常不进行消毒或消毒不严格引起的，特别是在公猪去势时，因忽视消毒工作而多发。

此外，对猪进行外科手术、接产或阉割时，可同时注射破伤风抗血清3000~5000国际单位预防，会收到好的预防效果。

### 四、仔猪梭菌性肠炎

仔猪梭菌性肠炎又称仔猪传染性坏死性肠炎，俗称"仔猪红痢"，是由C型产气荚膜梭菌引起的一周龄仔猪高度致死性的肠毒血症，以下痢病程短、病死率高、小肠后段的弥散性出血或坏死性变化为特征。

#### （一）病原

C型产气荚膜梭菌亦称魏氏梭菌，为革兰阳性、有荚膜、不运动的厌氧大杆菌，在中央或近端形成卵圆形芽孢，但在人工培养基上则不易形成。主要产生 α 毒素和 β 毒素等外毒素，特别是 β 毒素，它可引起仔猪肠毒血症和坏死性肠炎。

#### （二）流行病学

C型产气荚膜梭菌及其芽孢在人畜肠道、粪便、土壤等中广泛存在。新生仔猪通过污染的母猪乳头、地面或垫草等吃入本菌芽孢而感染。该病多发于1~3日龄仔猪，1周龄以上的仔猪发病很少。同一猪群内各窝仔猪的发病率不同，最高可达100%，病死率20%~70%。该病一旦传入一个猪群，病原就会长期存在，如果预防措施不力，该病可连年在产仔季节发生，造成严重危害。

#### （三）临床症状

1.最急性型

仔猪出生当天就可出现出血性腹泻（血痢），后躯沾满带血稀粪，精神不振，走路摇晃，迅速进入濒死状态。部分仔猪无血痢而衰竭死亡。

2.急性型

病程一般可维持2天左右，病猪拉带血的红褐色水样稀粪，其中含有灰色坏死组织碎片，机体迅速脱水、消瘦，最终衰竭死亡。

### 3.亚急性型

发病仔猪一般在出生后 5～7 天死亡。病猪开始时精神、食欲尚好，但有持续性的非出血性腹泻，粪便开始为黄软便，后变为清水样，并含有坏死组织碎片，似米粥样。随病程发展，病猪逐渐消瘦、脱水死亡。

### 4.慢性型

病程一至数周，呈间歇性或持续性腹泻。粪便为灰黄色黏液状，肛门周围、尾巴及后躯被稀便污染，干燥后形成粪痂或干粪球附着于后躯或尾巴上。病猪精神尚好，但生长停滞，最终死亡或形成僵猪。

## （四）病理变化

眼观病变见于空肠，有的可扩展到回肠。空肠呈暗红色，肠腔充满含血的液体，空肠部绒毛坏死，肠系膜淋巴结鲜红色。病程长的以坏死性炎症为主，黏膜呈黄色或灰色坏死性假膜，容易剥离，肠腔内有坏死组织碎片。脾边缘有小点出血，肾呈灰白色。腹水增多呈血性，有的病例出现胸腔积液。

## （五）诊断

根据流行病学、症状和病理变化的特点，如本病发生于 1 周龄内的仔猪，病程短、病死率高，病猪出现红色下痢，肠腔充满含血的液体，以坏死性炎症为主，由此可做出初步诊断。进一步确认必须进行实验室检查。

## （六）防治措施

### 1.预防

（1）免疫预防　该病流行的猪场，给母猪注射 C 型魏氏梭菌类毒素 2 次，可产生足够的初乳抗体，保护仔猪免于发病。在妊娠中期进行第一次免疫，于产前 2～3 周进行第二次免疫，以后在每次妊娠时于产前 2～3 周进行加强免疫。

（2）药物预防　没有进行 C 型魏氏梭菌类毒素免疫注射的猪群，一旦仔猪发生本病，对所产的仔猪可用抗生素进行口服预防，每日 2～3 次，能有效预防本病的发生。

### 2.治疗

该病发病急、病程短，一旦出现临床症状，用抗菌药物治疗效果较差。

## 五、猪丹毒

猪丹毒是由猪丹毒杆菌引起的一种急性热性传染病。其临床症状主要表现为急性败血型和亚急性疹块型，也有表现为慢性多发性关节炎或心内膜炎。

### （一）病原

猪丹毒杆菌是一种革兰阳性菌，具有明显的形成长丝的倾向。本菌为平直或微弯纤细小杆菌。在病料内的细菌，单在、成对或成丛排列，在白细胞内一般成丛存在，在陈旧的肉汤培养物内和慢性病猪的心内膜疣状物中，多呈长丝状，有时很细。本菌对盐腌、烟熏、干燥、腐败和日光等自然环境的抵抗力较强。

本菌在病死猪的肝、脾内4℃159天，仍有毒力。露天放置77天的病死猪肝脏、深埋1.5米231天的病猪尸体、12.5%食盐处理并4℃冷藏148天的猪肉中，都可以分离到猪丹毒杆菌。本菌在一般消毒药，如1%漂白粉、1%氢氧化钠或5%石灰乳中很快死亡；对热的抵抗力较弱，肉汤培养物于50℃经12~20分钟，70℃经5分钟即可被杀死。本菌对石炭酸抵抗力较强（在0.5%石炭酸中可存活99天），对热的抵抗力较弱。

### （二）流行病学

本病主要发生于猪，其他家畜如牛、羊、狗、马和禽类（包括鸡、鸭、鹅、火鸡、鸽、麻雀等）也有病例报告。人也可以感染本病。病猪和带菌猪是本病的主要传染源。约35%~50%健康猪的扁桃体和其他淋巴组织中存在此菌。病猪、带菌猪以及其他带菌动物（分泌物、排泄物）排出菌体污染饲料、饮水、土壤、用具和场舍等，经消化道传染给易感猪。本病也可以通过损伤皮肤及蚊、蝇、虱、蝉等吸血昆虫传播。屠宰场、加工厂的废料、废水，食堂的残羹，动物性蛋白质饲料（如鱼粉、肉粉等）喂猪常常引起发病。猪丹毒一年四季都有发生，有些地方以炎热多雨季节流行得最盛。本病常为散发性或地方流行性传染，有时也发生暴发性流行。

## （三）临床症状

本病潜伏期短的 1 天，长的 7 天。

### 1. 急性型

此型常见，以突然暴发、急性经过和高死亡率为特征。病猪精神不振、高烧不退，不食、呕吐，结膜充血，粪便干硬，附有黏液。小猪后期下痢，耳、颈、背皮肤潮红、发紫，临死前腋下、股内、腹内有不规则鲜红色斑块，指压褪色后融合在一起，常于 3～4 天内死亡。该型病死率80%左右，不死者转为疹块型或慢性型。

哺乳仔猪和刚断乳的小猪发生猪丹毒时，一般突然发病，表现出神经症状，抽搐、倒地而死，病程大多不超过一天。

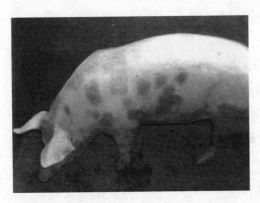

图 6-12　猪丹毒（皮肤疹块）（彩图）

### 2. 亚急性型（疹块型）

此型病较轻，头一两天在病猪身体不同部位，尤其胸侧、背部、颈部至全身出现界限明显的圆形或四边形有热感的疹块，俗称"打火印"（图 6-12），指压褪色。疹块突出皮肤 2～3 毫米，大小约一至数厘米，从几个到几十个不等，干枯后形成棕色痂皮。病猪口渴、便秘、呕吐、体温高。疹块发生后，体温开始下降，病势减轻，经数日以至旬余，病猪自行康复。也有不少病猪在发病过程中，症状恶化转变为败血型而死。病程约 1～2 周。

### 3. 慢性型

此型由急性型或亚急性型转变而来，也有原发性，常见的有慢性关节炎、慢性心内膜炎和皮肤坏死等几种。

慢性关节炎主要表现为四肢关节（腕、跗关节较膝、髋关节常见）的炎性肿胀，病猪腿部僵硬、疼痛，以后急性症状消失，而以关节变形为主，呈现一肢或两肢的跛行或卧地不起。病猪食欲正常，但生长缓慢，体质虚弱、消瘦。病程数周或数月。

慢性心内膜炎主要表现消瘦，贫血，全身衰弱，喜卧，厌走动，强使行走则举止缓慢，全身摇晃。听诊心脏有杂音，心跳加速、亢进，心律不齐，呼吸急促。此种病猪不能治愈，通常由于心脏骤停突然倒地死亡。

慢性型的猪丹毒有时形成皮肤坏死。常发生于背、肩、耳、蹄和尾等部。局部皮肤肿胀、隆起、坏死、色黑、干硬、似皮革，逐渐与其下层新生组织分离，犹如一层甲壳。坏死区有时范围很大，可以占整个背部皮肤；有时可在耳壳、尾巴、各蹄壳发生部分坏死。约经 2～3 个月坏死皮肤脱落，遗留一片无毛、色淡的疤痕而愈。如有继发感染，则病情复杂，病程延长。

### （四）病理变化

败血型猪丹毒主要以急性败血症的全身变化和体表皮肤出现红斑为特征。

病猪鼻、唇、耳及腿内侧等处皮肤和可视黏膜呈不同程度的紫红色；胃底及幽门部黏膜发生弥漫性出血，小点出血；整个肠道都有不同程度的卡他性或出血性炎症；脾呈樱桃红色，充血、肿大，有"白髓周围红晕"现象，肾淤血、肿大，有"大红肾"之称；淋巴结充血、肿大，切面多汁，肺脏淤血、水肿。

亚急性型猪丹毒以皮肤疹块为特征变化。病猪死后，疹块与生前无明显差异。

慢性型关节炎是一种多发性关节炎、关节肿胀，发病关节有多量黏稠或带红色的浆液性、纤维素性渗出液。

慢性心内膜炎常见一个或数个瓣膜，多见于二尖瓣膜上有溃疡性或菜花样增生物。

### （五）诊断

本病可根据流行病学、临床症状及解剖等综合分析进行诊断，必要时进行病原学检查诊断。急性败血型猪丹毒应注意与猪瘟、猪肺疫、猪链球菌病和李氏杆菌病等相区别。

### （六）防治

每年按计划进行免疫接种是防治本病最有效的办法。仔猪免疫因可能受母源抗体的干扰，应于断奶后进行，如在哺乳期防疫，则应于断奶后补免，以后每隔 6 个月免疫一次。

　　防治本病的首选药物为青霉素，不能停药过早，否则容易复发或转为慢性。用青霉素无效时，可改用四环素或红霉素治疗。

　　人感染猪丹毒杆菌所致的疾病称为"类丹毒"，多由皮肤损伤感染引起，"类丹毒"是一种职业病，多发于兽医、屠宰加工人员及渔民。

### 六、猪肺疫

　　猪肺疫由多杀性巴氏杆菌引起，以败血症和炎性出血过程为主要特征。

#### （一）病原

　　多杀性巴氏杆菌为革兰染色阴性，两端钝圆、中央微凸的短杆菌，不形成芽孢，无鞭毛，不能运动，其所分离的强毒菌株有荚膜，常单在。用病料组织或体液涂片，以瑞氏、姬姆萨或亚甲蓝染色时，菌体多呈卵圆形，两极着色深，似两个并列的球菌。本菌为需氧及兼性厌氧菌。

　　本菌存在于病畜全身各组织、体液、分泌物及排泄物里，只有少数慢性病例仅存在于肺脏的小病灶里。健康家畜的上呼吸道也可能带菌。

　　本菌对直射日光、干燥、热的抵抗力均不强，常用消毒药常用浓度对本菌都有良好的杀灭力，但克辽林对本菌的杀灭力很差。

#### （二）流行病学

　　多杀性巴氏杆菌对多种动物（家畜、野兽、禽类）和人均有致病性。

　　本病传染源为病猪及健康带菌猪。本菌存在于急性型或慢性型病猪的肺脏病灶、最急性型病猪的各个器官以及某些健康猪的呼吸道和肠管中，并可经分泌物及排泄物排出。

　　本病主要经呼吸道、消化道传染，也可经损伤的皮肤而传染。此外，健康带菌猪因某些因素特别是上呼吸道黏膜受到刺激而使机体抵抗力降低时，也可发生内源性传染。各年龄的猪均对本病易感，中猪、小猪易感性更大。其他畜禽也可感染本病。

　　最急性型猪肺疫常呈地方流行性；急性型和慢性型猪肺疫多呈散发性，并且常与猪瘟、猪支原体肺炎等混合感染继发。

#### （三）临床症状

　　本病潜伏期1～5天，一般为2天左右。

(1) 最急性型 俗称"锁喉风",多见于流行初期,病猪常突然死亡。病程稍长者,表现高热达 41～42℃,结膜充血、发绀,耳根、颈部、腹侧及下腹部等处皮肤发生红斑,指压不全褪色。本型的特征性症状是咽喉红、肿、热、痛,急性炎症,严重者局部肿胀可扩展到耳根及颈部;病猪呼吸极度困难,口鼻流血样泡沫,大多 1～2 天窒息而死。

(2) 急性型 为常见病型,主要呈现纤维素性胸膜肺炎。除败血症状外,病初病猪体温升高达 40～41℃,痉挛性干咳,流鼻液,眼睛发生化脓性结膜炎;初便秘,后腹泻;呼吸困难,常做犬坐姿势,胸部触诊有痛感,听诊有啰音和摩擦音;多因窒息死亡。病程 4～6 天,不死者转为慢性型。

(3) 慢性型 主要呈现慢性肺炎或慢性胃肠炎。病猪持续咳嗽,呼吸困难,鼻流出黏性或脓性分泌物,胸部听诊有啰音和摩擦音,关节肿胀,时发腹泻,呈进行性营养不良,极度消瘦,最后多因衰竭致死,病程 2～4 周。

### （四）病理变化

(1) 最急性型 病猪全身黏膜、浆膜和皮下组织有大量出血点,最突出的病变是咽喉部、颈部皮下组织出血性浆液性炎症,切开皮肤时,有大量胶冻样淡黄色水肿液;全身淋巴结肿大,呈浆液性出血性炎症,以咽喉部淋巴结最显著;心内外膜有出血斑点;肺充血、水肿;胃肠黏膜有出血性炎症;脾有出血,但不肿大。

(2) 急性型 有肺肝变、水肿、气肿和出血等病变特征,主要位于尖叶、心叶和膈叶前缘(图6-13)。病程稍长者,肝变区内有坏死灶,肺小叶间有浆液浸润,肺炎部切面常呈大理石状。肺肝变部的表面有纤维素絮片,并常与胸膜粘连。胸腔及心包腔积液。胸部淋巴结肿大,切面发红、多汁。支气

图 6-13 猪肺疫(肺水肿、出血)(彩图)

管、气管内有多量泡沫样黏液,气管黏膜有炎症变化。

(3)慢性型　肺有较大坏死灶,有结缔组织包囊,内含干酪样物质,有的形成空洞;心包和胸腔内液体增多,胸膜增厚、粗糙,上有纤维素絮片与病肺粘连;无全身败血病变。

## (五)诊断

根据临床症状和病理变化可做出初步诊断,确诊需进一步做实验室诊断。

实验室诊断:

(1)病原分离与鉴定　涂片镜检。

(2)病料采集　败血症病例可采心、肺、脾或体腔渗出液;其他病例可从病变部位渗出液、脓液中取样。

(3)鉴别诊断　应与猪瘟、猪丹毒、猪副伤寒、猪败血型链球菌病等相区别。

## (六)防治

平时应加强饲养管理,搞好清洁卫生,每年进行定期预防接种。一旦猪群发病,应立即采取隔离、消毒、紧急预防接种,药物治疗可用抗生素类药物,青霉素、链霉素及磺胺类药物。尸体应深埋或高温无害化处理。

猪肺疫的病原菌主要有 A 型和 B 型,两者无交叉免疫,建议同时接种两种血清型的疫苗。

## 七、猪传染性胸膜肺炎

猪传染性胸膜肺炎是由胸膜肺炎放线杆菌引起的猪的一种高度传染性呼吸道疾病,又称为猪接触性传染性胸膜肺炎。本病以急性出血性纤维素性胸膜肺炎和慢性纤维素性坏死性胸膜肺炎为特征,急性型呈现高死亡率。猪传染性胸膜肺炎是一种世界性疾病,广泛分布于英国、德国、瑞士、丹麦、澳大利亚、加拿大、墨西哥、阿根廷、瑞典、波兰、日本、美国、中国等养猪国家,给集约化养猪业造成了巨大的经济损失,特别是近年来本病的流行呈上升趋势,被国际公认为危害现代养猪业的重要疫病之一。我国于 1987 年首次发现本病,此后本病流行蔓延开来,危害日趋严重，成为猪细菌性呼吸道疾病的主要疫病之一。

## （一）病原

本病病原体为胸膜肺炎放线菌（原名胸膜肺炎嗜血杆菌，亦称副溶血嗜血杆菌），为小到中等大小的球杆状到杆状，具有显著的多形性。菌体有荚膜，不运动，革兰阴性，为兼性厌氧菌。本菌对外界的抵抗力不强，干燥的情况下易死亡，对常用的消毒剂敏感，一般60℃ 5～20分钟内死亡，4℃下通常存活7～10天。

## （二）流行病学

各种年龄的猪对本病均易感，3月龄猪最易感。本病的主要传播途径是气源感染，通过猪与猪的直接接触或通过短距离的飞沫小滴使疾病传递。急性暴发时感染可以从一个猪栏"踊跃"到另一个猪栏，说明较远距离的气溶胶传播和猪场工作人员造成的间接传播也可能起重要作用。

本病在猪群之间的传播主要由引进带菌猪引起。拥挤、气温急剧改变、相对湿度高和通风不良等应激因素可促进本病的发生和传播，使发病率和死亡率升高。

## （三）临床症状

潜伏期依菌株毒力和感染量而定，自然感染1～2天，人工感染4～12小时。由于动物的年龄、免疫状态、环境因素以及病原的感染数量的差异，临床上发病猪的病程可分为最急性型、急性型、亚急性型和慢性型。

1.最急性型

突然发病，病猪体温升高至41～42℃，心率增加，精神沉郁，废食，出现短期的腹泻和呕吐症状，早期病猪无明显的呼吸道症状，后期心衰，鼻、耳、眼及后躯皮肤发绀，晚期呼吸极度困难，常呆立或呈犬坐式，张口伸舌，咳喘，并有腹式呼吸，临死前体温下降，严重者从口鼻流出泡沫血性分泌物。病猪于出现临床症状后24～36小时内死亡。有的病例见不到任何临床症状而突然死亡。此型的病死率高达80%～100%。

2.急性型

病猪体温升高达40.5～41℃，严重的呼吸困难，咳嗽，心衰；皮肤发红，精神沉郁。由于饲养管理及其他应激条件的差异，病程长短不定，所以在同一猪群中可能会出现病程不同的病猪，如亚急性或慢性型。

### 3.亚急性型和慢性型

多于急性期后期出现。病猪轻度发热或不发热，体温在 39.5～40℃ 之间，精神不振，食欲减退；不同程度的自发性或间歇性咳嗽，呼吸异常，生长迟缓。病程几天至 1 周不等，或治愈后当有应激条件出现时，症状加重，猪全身肌肉苍白，心跳加快而突然死亡。

### （四）病理变化

本病主要病变存在于肺和呼吸道内，肺呈紫红色，肺炎多是双侧性的，并多在肺的心叶、尖叶和膈叶出现病灶，其与正常组织界线分明。最急性死亡的病猪气管、支气管中充满泡沫状血性黏液及黏膜渗出物，无纤维素性胸膜肺炎出现。发病 24 小时以上的病猪，肺炎区出现纤维素性物质附于表面，肺出血、间质增宽、有肝变。气管、支气管中充满泡沫状血性黏液及黏膜渗出物，喉头充满血性液体，肺门淋巴结显著肿大。随着病程的发展，纤维素性胸膜肺炎蔓延至整个肺脏，使肺和胸膜粘连。常伴发心包炎，肝、脾肿大，色变暗。病程较长的慢性病例，可见硬实肺炎区，病灶硬化或坏死。发病的后期，病猪的鼻、耳、眼及后躯皮肤发绀，呈紫斑。

### 1.最急性型

病死猪剖检可见气管和支气管内充满泡沫状带血的分泌物。肺充血、出血和血管内有纤维素性血栓形成，肺泡与间质水肿，肺的前下部有炎症出现。

### 2.急性型

急性期死亡的猪可见到明显的剖检病变。喉头充满血样液体，双侧性肺炎，常在心叶、尖叶和膈叶出现病灶，病灶区呈紫红色，坚实，轮廓清晰，肺间质积留血色胶样液体。随着病程的发展，纤维素性胸膜肺炎蔓延至整个肺脏。

### 3.亚急性型

肺脏可能出现大的干酪样病灶或空洞，空洞内可见坏死碎屑。如继发细菌感染，则肺炎病灶转变为脓肿，致使肺脏与胸膜发生纤维素性粘连。

**4.慢性型**

肺脏上可见大小不等的结节（结节常发生于膈叶），结节周围包裹有较厚的结缔组织，结节有的在肺内部，有的突出于肺表面，并在其上有纤维素附着而与胸壁或心包粘连，或于肺之间粘连。心包内可见到出血点。

在发病早期可见肺脏坏死、出血，中性粒细胞浸润，巨噬细胞和血小板激活，血管内有血栓形成等组织病理学变化。肺脏大面积水肿并有纤维素性渗出物。急性期后则主要以巨噬细胞浸润、坏死灶周围有大量纤维素性渗出物及纤维素性胸膜肺炎为特征。

## （五）诊断

根据流行病学、临床症状和病理变化可以做出初步诊断，确诊需进行实验室诊断。

鉴别诊断在病的最急性期和急性期，应与猪瘟、猪丹毒、猪肺疫及猪链球菌病做鉴别诊断。慢性病例应与猪喘气病区别。

## （六）预防

① 首先应加强饲养管理，严格卫生消毒措施，注意通风换气，保持舍内空气清新，减少各种应激因素的影响，保持猪群足够均衡的营养水平。

② 应加强猪场的生物安全措施。从无病猪场引进公猪或后备母猪，防止引进带菌猪；采用"全进全出"的饲养方式，出猪后栏舍彻底清洗消毒，空栏1周才能重新使用。新引进猪混入一群副猪嗜血杆菌感染的猪群时，应该进行疫苗免疫接种并口服抗菌药物，到达目的地后隔离一段时间再逐渐混入较好。

③ 对已污染本病的猪场应定期进行血清学检查，清除血清学阳性带菌猪，并制订药物防治计划，逐步建立健康猪群。在混群、疫苗注射或长途运输前1～2天，应投喂敏感的抗菌药物，如在饲料中添加适量的磺胺类药物或泰妙菌素、泰乐菌素、新霉素、林肯霉素和壮观霉素等抗生素进行药物预防，可控制猪群发病。

④ 疫苗免疫接种，目前国内外均已有商品化的灭活疫苗用于本病的免疫接种。一般在5～8周龄时第一次免疫，2～3周后第二次免疫。母猪

在产前 4 周进行免疫接种。可应用包括国内主要流行菌株和本场分离株制成的灭活疫苗预防本病，效果更好。

## （七）治疗

虽然报道有许多抗生素对本病有效，但由于细菌的耐药性，本病临床治疗效果不明显。实践中选用普杀平、强化抗菌剂、帝诺、氟甲砜霉素肌内注射或胸腔注射，连用 3 天以上；饲料中拌支原净、多西环素、氟甲砜霉素或北里霉素，连续用药 5～7 天，有较好的疗效。有条件的最好做药敏试验，选择敏感药物进行治疗。抗生素的治疗尽管在临床上取得了一定成功，但并不能在猪群中消除感染。

猪群发病时，应以解除呼吸困难和抗菌为原则进行治疗，并要使用足够剂量的抗生素和保持足够长的疗程。本病早期治疗可收到较好的效果，但应结合药敏试验结果而选择抗菌药物。一般可用青霉素、新霉素、四环素、泰妙菌素、泰乐菌素、磺胺类药物等。

# 第七章 ——»
# 猪寄生虫病

## 第一节　寄生虫病概述

### 一、寄生和寄生虫

在自然界中，两种生物共同生活的现象很普遍，这种现象是生物长期进化过程中逐渐形成的，称为共生。由于共生双方的关系不同，一般可分为片利共生、互利共生和寄生三种情况。片利共生是指共生过程中的两种生物，一方受益，另一方不受益，也不受损害；互利共生是指共生过程中的两种生物，互相依赖，彼此受益；寄生是指共同生活在一起的两种生物，一方受益，另一方遭受到不同程度的损害，甚至导致死亡。寄生中的两种生物，受益的一方叫寄生物，受损的一方叫宿主，寄生物有动物和植物之分，动物性的寄生物就叫寄生虫。

### 二、寄生虫的类别

寄生虫可分为吸虫、绦虫、线虫、棘头虫、蜘蛛昆虫和原虫六大类，其中的前四大类寄生虫又合称为蠕虫。吸虫和绦虫在分类学上属扁平动物门，线虫属线形动物门，棘头虫属棘头动物门，蜘蛛昆虫属节肢动物门，原虫属原生动物门。

#### （一）吸虫

绝大多数吸虫背腹面扁平如叶片状，也有一些吸虫的体形近似圆柱状，少数种类呈长线状。虫体的大小因种类不同差异颇大，小的仅 0.3 毫米，如异形吸虫，大的长达 75 毫米以上，如姜片吸虫。

吸虫一般呈灰白色，前部由特殊肌肉组成、有收缩功能的口吸盘，用以固着在宿主的组织上。口吸盘的底部有口孔，通消化道。很多种吸虫除口吸盘外，还有一个位于虫体前部腹面的腹吸盘；有些吸虫的腹吸盘位于虫体的后端，称后吸盘。腹吸盘或后吸盘都是局限于虫体表面浅层的特殊肌肉组织，只起固着作用，与内部器官无关。

吸虫的体表被有皮肤肌肉囊，是由角质层、角质下层和肌肉层组成。皮肤肌肉囊包裹着内部的柔软组织，各种内部器官皆埋置在柔软组织中。

吸虫具有消化系统、排泄系统、生殖系统、神经系统。吸虫无体腔，大多数是雌雄同体，发育史复杂，需要两个或两个以上的不同宿主。

### （二）绦虫

绦虫虫体外观呈背腹面扁平的带状，乳白色，分节，由数个至上千个节片组成。虫体最前端是头节，紧接头节的是一个较狭长的颈节，再后即为节片。头节上有四个吸盘或两条吸沟，具有吸附功能。有些绦虫头节顶端生有顶突，顶突上长有小钩；有些种类的吸盘口还长有小钩。节片因内部生殖器官发育程度的不同可分为三种：靠近颈节部分的节片，其生殖器官尚未发育，称为"未成熟节片"；从此往后的生殖器官已发育的节片，称为"成熟节片"；再往后的节片，其内部的一部分或全部已被蓄满虫卵的子宫所填充，生殖器官的其他部分已部分或全部萎缩，称为"孕卵节片"。孕卵节片可以脱离虫体，随宿主粪便排到外界。孕卵节片陆续脱落，由颈节所生的节片依次向后推移（图7-1）。

图7-1　绦虫（彩图）

不同种类的绦虫长度差异甚大，最长的可达12米，最短的只有0.5毫米。绦虫没有体腔，也没有消化系统，靠体表吸收营养物质。雌雄同体，其每个成熟节片内有雌雄生殖器官，有的种类有一组，有的种类有两组。生殖孔开口于节片的边缘上。雌雄生殖器官的构造与吸虫的大致相同。成熟的虫卵内含有一个幼虫，叫六钩蚴，绦虫的发育史较复杂，除个别寄生于人和啮齿动物的绦虫外，寄生于家畜、家禽的各种绦虫的发育都需要一个或两个中间宿主参与才能完成其整个发育史。

### （三）线虫

线虫外形呈线状、圆柱状或纺锤状，虫体不分节。活虫体通常为乳白色，吸血的常常带红色。头端较钝圆，尾部通常尖细。寄生于畜、禽的线虫都是雌雄异体，雌虫一般大于雄虫，尾部大多较直，雄虫的尾部则常蜷曲。虫体大小差异很大，有的长仅1毫米（如旋毛虫），有的长达1米多（如麦地那龙线虫）。

线虫体表为角质表皮，表皮光滑或带有横纹，也有带纵纹者。体表的角质皮层上，有些线虫具有各种特殊的凸出物，如乳突状凸出物，有些线虫由于表皮增厚或延展而成侧翼或尾翼等附属物。

线虫有假体腔，内部器官如消化、生殖等器官均包在此腔内。雌雄生殖器官为简单弯曲的管状构造，其各个器官均彼此连通，仅在形态上略有区别。线虫大多是卵生的，有的是胎生的。幼虫一般经1次或2次蜕化后才能对终末宿主有感染性（侵袭性），这种幼虫称为感染性幼虫（侵袭性幼虫）。如果有感染性幼虫仍留在卵壳内不孵化，则称这种虫卵为感染性虫卵。线虫在发育过程中有的需要中间宿主参与，有的则不需要。前者的发育形式称为间接型发育，后者称为直接型发育。

### （四）棘头虫

棘头虫虫体呈长圆状，常弯曲成半圆形，乳白色或黄白色，其大小相差极大，从1.5～650毫米。虫体不分节，体表平滑，有明显的横纹。有的种类有小刺、假体腔。雌雄异体，雌大于雄。虫体一般可分为前体部和躯干部。前体部细短，躯干部较粗大。前体部的前部有一吻突，其后为颈部。颈部较短，无钩与棘，吻突可以伸缩，其上长有小棘或小钩，是用于附着宿主肠壁的器官。躯干部前宽后细，是一中空的构造，里面包含着生殖器官、排泄器官、神经系统以及假体腔液等。

该虫发育需一个或两个中间宿主参与，中间宿主为甲壳类动物和昆虫。若有搬运宿主或储藏宿主，它们往往是蛙、蛇、蜥蜴等脊椎动物。

### （五）蜘蛛昆虫

蜘蛛昆虫虫体两侧对称，被有外骨骼，体分节，有分节的附肢，虫体分为头、胸、腹三部，有的可能完成融合（如蜱、螨），体腔内充满血液，故称血腔。体内有消化、排泄、循环和生殖系统。雌雄异体。

1.蜘蛛纲

虫体没有触角和翅，有眼或无眼，虫体融合为一体（蜱、螨）或分胸部和腹部（蜘蛛）。成虫有四对肢，幼虫有三对肢。与畜禽有关的是蜱和螨。蜱、螨的身体区分为假头（即口器）和躯体，假头凸生于躯体前端。发育多为不完全变态，经卵、幼虫、若虫和成虫四个阶段。

2.昆虫纲

虫体由头、胸、腹 3 部分组成。头部有眼、触角和口器。胸部由前胸、中胸和后胸三节组成，每节腹面各有肢一对。中、后胸的背侧各有一对翅，但在寄生性昆虫中有的缺少后肢，有的完全没有翅。腹部一般由 10 个节组成。生殖器官位于第八、第九节处。有些昆虫的发育为完全变态（如蝇类），经卵、若虫、蛹和成虫四个阶段；有些昆虫的发育属不完全变态（如虱类），即卵、幼虫和成虫三个阶段。

### （六）原虫

原虫为一种单细胞动物。虫体微小，有的只有 1～2 微米，有的达 100～200 微米，要借助显微镜方能看见。原虫的形态因种类不同而各不相同，即使同一个种有时也表现多样形态。寄生性原虫都是专性寄生虫，对宿主有一定的选择性，或者说有一定的宿主范围。每个原虫由细胞膜、细胞质和细胞核构成，具有与多细胞动物相似的各种生理活动。细胞质分内质和外质，内质具有营养和生殖的功能，外质有运动、摄食、排泄、呼吸和保护等功能。细胞核由核膜、核质、核仁和染色粒构成，具有生命活动的特殊功能。

寄生性原虫的繁殖方式有无性和有性两种，它们的发育史各不相同。有的不需要中间宿主或传播者参与就能完成整个发育史，如球虫；另外一些种类，如梨形虫，需要两个宿主，其中一个既是它发育中的固需宿主，又是它的传播媒介——传播者。有一类传播者称为生物性传播者，原虫需在其体内发育；另一类传播者为机械性传播者，原虫并不在其体内发育，只起到机械的传播作用。

根据在宿主体上的寄生部位，寄生虫可分为内寄生虫和外寄生虫。内寄生虫寄生于宿主的内部器官，其中以寄生于消化器官的最多，呼吸、泌尿、神经、循环系统器官及机体组织、淋巴器官和体腔等处也都有寄生，如蠕虫和原虫属于内寄生虫。外寄生虫寄生于宿主的皮肤、毛发等体表部位，如蜘蛛昆虫类的寄生虫属于外寄生虫。有个别的寄生虫我们虽通常称之外寄生虫，但实际上它们寄生于宿主体内，如疥螨，它们在宿主皮肤内挖掘穴道，在穴道中生活。

从寄生虫的寄生时间长短来说，有暂时性寄生虫和永久性寄生虫之别。属于前者的如蚊子、臭虫、虻等，它们只在宿主体表短暂地吸血。永久性寄生虫是指长期地、并且往往是终生地居留在宿主体内，如许多的蠕虫和原虫。

### 三、宿主的类型

人、动物和植物都可作为寄生虫的宿主。不同种类的寄生虫已形成在一种或多种宿主上寄生的宿主特异性。已完成寄生生活适应过程的寄生虫，其宿主较为专一，而还在适应寄生生活过程中的寄生虫，其宿主则较多。因此，按寄生虫发育的特性，宿主可分为六种类型。

#### （一）终末宿主

终末宿主（终宿主）是指寄生虫的成虫期或其有性生殖阶段所寄生的宿主，如猪是猪蛔虫的终末宿主。

#### （二）中间宿主

中间宿主是指寄生虫的幼虫期或其无性生殖阶段所寄生的宿主，如前殖吸虫在幼虫阶段寄生于蜻蜓若虫体内，蜻蜓若虫便成为它的中间宿主。

#### （三）第二中间宿主

某些寄生虫在幼虫或无性生殖阶段需要两个中间宿主，按其顺序，将幼虫寄生的前一个中间宿主称为第一中间宿主，而后一个中间宿主称为第二中间宿主（补充宿主）。

### （四）贮藏宿主

贮藏宿主指某些寄生虫的感染性幼虫所转入的并非它们进行发育所需要的动物体。但在贮藏宿主内这些感染性幼虫保持着对终末宿主的感染力，因而贮藏宿主成为畜禽寄生虫病的感染源。

### （五）保虫宿主

某些主要寄生于某种宿主的寄生虫有时也可寄生于其他一些宿主，但不是那么普遍。流行病学上通常把这些不常被寄生的宿主称为保虫宿主。

### （六）带虫宿主

某种寄生虫在感染宿主机体之后，随着机体抵抗力的增强或通过药物驱虫，宿主处于隐性感染阶段，对寄生虫保持一定的免疫力，临床上不显症状，但体内保留有一定数量的寄生虫，这样的宿主称为带虫宿主，而宿主的这种状况称为带虫现象。带虫宿主不断地向环境中散布病原，成为某些寄生虫病的重要感染源。

## 四、寄生虫病的感染源和途径

### （一）感染源

感染源通常是指寄生有某种寄生虫的带虫宿主、保虫宿主以及某些贮藏宿主，其体内的病原（虫体、虫卵、幼虫）通过粪、尿、痰、血液和其他排泄物、分泌物不断被排到体外，污染外界环境，然后经过一定的途径转移给易感动物或中间宿主。

### （二）感染途径

感染途径指病原从感染源感染给易感动物所必须经过的途径。寄生虫的感染途径有如下四种：

#### 1.经口感染

蠕虫大多数寄生于猪的消化道或其附属器官内，少数寄生于呼吸和泌尿系统器官，还有寄生于消化道的原虫。它们的虫卵、幼虫和虫体或虫体断片通常和粪便一起排出，污染牧场、饲料和饮水，猪采食或饮水时经口感染某些寄生虫。这是寄生虫感染中最为常见的途径。

2. 经皮肤感染

寄生虫的感染性幼虫钻进宿主皮肤，侵入宿主体内而感染。

3. 节肢动物传播感染

某些寄生虫需要以节肢动物为中间宿主，或是经节肢动物传播。

4. 接触感染

大部分寄生在猪体表的蜘蛛昆虫（螨、虱等）和寄生在宿主生殖器官黏膜上的一些原虫（毛滴虫等）是靠宿主互相间的直接接触，或通过用具等的间接接触，将病原由病畜感染给健康畜禽的。

上述感染途径，有的寄生虫只固定一种，有的则有两种，如类圆线虫、钩虫，既可通过皮肤感染，也可经口感染。

## 五、寄生虫对宿主的损害

寄生虫对宿主的损害是多方面的，通常表现在以下几个方面：

1. 掠夺宿主的营养

寄生虫在宿主体内寄生时，其全部营养需求均取自宿主，结果使宿主营养缺乏、消瘦和贫血等。这种损害在寄生虫寄生数量多、宿主营养状况较差的情况下更为明显。

2. 机械性损害

寄生虫对宿主的机械性损害，可归纳为损伤、阻塞和压迫3种情况。

（1）损伤　有许多寄生虫在宿主体内寄生时，以其口囊、切板、牙齿、钩、棘等器官损伤宿主的黏膜组织，以吸食血液和吞食细胞组织。蛔虫、圆线虫等的幼虫在宿主体内移动时，可引起组织器官的严重损伤，造成炎症和溃烂。

（2）阻塞　寄生虫大量寄生时，常在寄生部位结成团而造成阻塞，如猪蛔虫造成小肠阻塞。

（3）压迫　有一些寄生虫在宿主体内寄生时，不断生长发育，体积不断增大，因而压迫相邻的组织器官，导致这些组织器官功能障碍或萎缩。

3. 毒素作用

有些寄生虫能分泌一些特有的毒素，另一些寄生虫则是其本身新陈代谢产物对宿主起毒害作用。宿主中毒后，引起生理机能的紊乱而呈现各种临床症状。

4.引入其他病原微生物

许多寄生虫在宿主皮肤或黏膜等处造成损伤，给其他病原微生物的侵入创造了条件。

## 六、寄生虫病的防治

寄生虫病的防治包括对病猪的治疗、对健康猪感染的预防和对病原体的扑灭三个方面的措施。这些措施又是互相联系的，孤立的选用其中某一方面的措施是不可能收到防治效果的。

### （一）驱虫

根据目的不同，驱虫可分为治疗性驱虫和预防性驱虫两种。治疗性驱虫主要是作为恢复猪健康的紧急措施，只要发生寄生虫病即需进行，因此，可在一年中的任何季节进行。预防性驱虫是依据地区性寄生虫病的流行规律，按预先制订的驱虫计划进行，多在每年中一定时间内进行 $1\sim2$ 次驱虫工作，目的在于避免某种寄生虫病的发生。对于大多数蠕虫病来说，秋末冬初驱虫是最为重要的，因为此时一般是猪体质由强转弱的时节，这时驱虫有利于保护猪的健康；另外，这个时节不适宜虫卵和幼虫的发育。所以，秋末冬初驱虫可以大大地减少牧场的污染。

几乎所有的驱虫药都不能杀死蠕虫子宫中或已排出消化道或呼吸道中的虫卵。所以，驱虫后含有分解虫体的粪便，排到外界环境中就可造成严重的污染。因此，要使驱虫成为既能消除寄生虫对宿主的危害又能保护环境不受污染的措施，则必须尽力做到以下几点：

① 驱虫应在有隔离条件的场所进行。

② 动物驱虫后应有一定的隔离时间，直到被驱出的寄生虫排完为止，一般应有 $2\sim3$ 天。

③ 驱虫后排出的粪便应堆集发酵，利用生物热（粪便中温度可达 $55\sim70^{\circ}\text{C}$ ）杀死虫卵和幼虫，这既可以使粪便达到无害化，又不降低粪便作为肥料的质量。

## （二）搞好环境卫生

搞好环境卫生是减少感染或预防感染的措施。在一般概念中，"减少"和"预防"是指宿主尽可能地避开感染源或与感染源相隔离。前面已提到，对大多数蠕虫和寄生于消化道的原虫来说，粪便是它们的虫卵或幼虫排出的途径，即是宿主感染的来源。所以加强猪舍的清洁卫生，而利用粪便堆集发酵进行无害化处理是搞好环境卫生的关键措施。

# 第二节　猪的寄生虫病

## 一、猪囊尾蚴病

猪囊尾蚴病的病原体是寄生在人体内的猪带绦虫的幼虫——猪囊尾蚴，所以猪囊尾蚴是在中间宿主体内的存在形式，猪与野猪是其最主要的中间宿主，犬、骆驼、猫及人也可作为中间宿主，而人则是猪带绦虫的终末宿主。

本病危害人、畜，所以成为肉品卫生检验的重要项目之一，而且有猪囊尾蚴的猪肉不能作鲜肉出售，严重的完全不能供食用，常造成巨大的经济损失。

### （一）病原体

猪带绦虫的幼虫和成虫均为本病病原体。

1.幼虫

猪囊尾蚴一般叫猪囊虫，多寄生在中间宿主的横纹肌里，脑、眼和其他脏器也常有寄生。成熟的猪囊尾蚴，外形椭圆，约黄豆大，为半透明的包囊，长约6～10毫米，囊内充满着液体，囊壁是一层薄膜，壁上有一个圆形黍粒大的乳白色小结，其内有一个内翻的头节，所以就整个外形看，还有些像石榴子，只是猪囊尾蚴外形较椭圆、无角光滑而已。头节上有四个圆形的吸盘，最前端的顶突上带有许多个角质小钩，分为两圈排列。

2.成虫

猪囊尾蚴的成虫寄生在人的小肠内，名猪带绦虫，或名链状带绦虫，因其头节顶突上有小钩，又名有钩绦虫。成虫体长 2～5 米，偶有长达 8 米的。整个虫体约有 700～1000 个节片。

头节圆球形，直径约 1 毫米，顶突上有 25～50 个角质小钩，分内、外两环交替排列，内排的钩较大，外排的钩较小。顶突的后外方有 4 个碗状的吸盘。颈节细小，长约 5～10 毫米，幼节较小，宽度大于长度。成节距头节约 1 米左右，长度与宽度几乎相等而呈正方形。

虫卵为圆形或椭圆形，直径为 35～42 微米，有一层薄的卵壳，多已脱落，故外层常为胚膜，甚厚，具有辐射状的条纹，内有一个六钩蚴。

（二）生活史

猪带绦虫的成虫只能寄生于人的小肠前半段，以其头节深埋在黏膜内。虫卵或孕节随粪便排出后污染地面或食物。中间宿主最主要是猪，它们吞食虫卵或孕节后，在胃肠消化液的作用下，六钩蚴破壳而出，借助小钩及其分泌物的作用，在 1～2 天内钻入肠壁，进入淋巴管及血管内，被血液带到猪体的各组织中去；在到达肌肉组织以后，就停留下来开始发育，形成一个充满液体的囊包体，20 天后囊上出现凹陷，两个月后在该处形成的头节上已长成明显的吸盘与有钩的顶突，这时囊尾蚴即已成熟，对人具有感染力。

猪囊尾蚴多寄生在肌肉内，以咬肌、舌肌、膈肌、肋间肌以及颈、肩、腹部等处的肌肉中最常见；内脏以心脏肌较多见；在感染严重时各处均存在，脂肪中也有。猪囊尾蚴在猪体中可生存数年，年久后即钙化死亡。

人误食了未熟的或生的含有囊尾蚴的猪肉后，猪囊尾蚴在人体的胃肠消化液的作用下，囊壁被消化，头节进入小肠，用吸盘和小钩附着在肠壁上，吸取营养发育生长。在 50 多天或更长的时间始能见到孕节或虫卵随粪便排出。成虫在人体中可活 25 年之久。

（三）症状

一般猪患猪囊尾蚴病多不出现症状，在极强的感染或是某个器官受害时才见到症状，多表现为营养不良，生长受阻，贫血，水肿。寄生在大脑时有癫痫症状，有时产生急性脑炎，病猪还会突然死亡。

人体感染猪带绦虫时，可能有消化紊乱现象；如果感染猪囊尾蚴，则症状较猪严重，当猪囊尾蚴寄生在脑中时可导致癫痫甚至死亡。

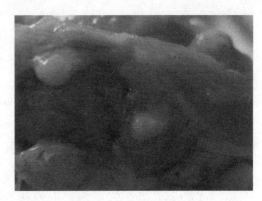

图 7-2　寄生在肌肉内的猪囊尾蚴（彩图）

### （四）诊断

猪囊尾蚴的生前诊断比较困难，有时在猪的舌肌和眼部肌肉上可看出突出的猪囊尾蚴。多数在屠宰后猪体肌肉中检出（图 7-2）。

### （五）防治

目前尚无治疗猪囊尾蚴的好方法，预防的方法主要有：

① 大力宣传科普知识，让人们知道猪囊尾蚴的巨大危害，了解猪囊尾蚴与猪带绦虫的关系，只要猪吃不到人的粪便此病便能得到控制。人不吃生猪肉或未熟透的猪肉，猪带绦虫就会逐渐消失，猪囊尾蚴也会逐渐绝迹。

要认真进行肉品检疫，有囊尾蚴的猪肉应进行无害化处理或销毁。猪圈与人的厕所要分开，尽一切可能杜绝猪与人粪的接触机会。

② 人感染猪带绦虫要及时驱虫。

## 二、猪疥螨病

猪疥螨病是由疥螨科和痒螨科的螨类寄生于猪体表或表皮内所引起的慢性皮肤病，以接触感染、能引起患畜剧烈的痒觉以及各种类型的皮肤炎为特征，病猪局部被毛脱落，并不断向外扩散。

### （一）病原体

成虫的身体呈圆形，微黄白色，背面隆起，腹面扁平。雌虫体长约 0.33～0.45 毫米、宽约 0.25～0.35 毫米，雄虫体长 0.2～0.23 毫米、宽约 0.14～0.19 毫米。躯体可分两部分：前面称背胸部，有第一和第二对足；后面称背腹部，有第三和第四对足。前两对足大，每个足的末端有两个爪和一个具有短柄的吸盘。后两对足较小，除有爪外，在雌虫足的末端只有长刚毛，雄虫第三对足的末端有长刚毛，而第四对足的末端却有吸盘。

### （二）生活史

疥螨是不全变态的节肢动物，其发育过程包括卵、幼虫、若虫和成虫四个阶段。疥螨钻进宿主表皮挖凿隧道，虫体在隧道内进行发育和繁殖。在前端、隧道中每隔相当距离即有小孔与外界相通，以通空气和作为幼虫出入的孔道。雌虫在隧道内产卵。卵孵化为幼虫，幼虫爬到皮肤表面，在毛间的皮肤上开凿小穴，在里面蜕化变为若虫，若虫也钻入皮肤，形成狭而浅的穴道，并在里面蜕化变为成虫。螨的整个发育过程为 8～22 天，平均 15 天，其发育速度直接与外界环境有关。

### （三）流行病学

疥螨病是由于健康猪接触患猪或通过有疥螨的猪舍和用具等而受感染的，工作人员的衣服和手等也可以成为疥螨的搬运工具，起传播疥螨病的作用。疥螨在畜舍内、墙壁上和各种用具上的生存时间不超过 3 周。在秋冬时期，尤其是阴雨天气，其蔓延最广，发病最烈。春末夏初，则症状减轻或完全康复。有的宿主在感染疥螨后一至几年内，均不出现任何症状，这便是带螨现象，但这些宿主却是本病的感染源。

### （四）症状

图 7-3　猪头部疥螨（彩图）

本病多发于 5 个月以下的猪，通常由头部开始，常发生在眼圈、颊部和耳朵等部位（图 7-3），有时蔓延到腹部和四肢。患猪痒感剧烈，常在圈墙、栏柱等处摩擦，有时患部因摩擦而出血。水泡不易见到，但因经常被擦破，可见有渗出液结成的痂皮。皮肤出现皱褶或皲裂，患部被毛脱落。病程延长时，食欲不振，营养衰退，甚至死亡。

### （五）诊断

采取病料，查找虫体，以此确诊。

### （六）治疗

用阿维菌素、伊维菌素口服或肌内注射均可治疗本病，也可用杀虫药局部涂抹。因药物杀不死虫卵，在治疗时要注意间隔5～7天必须重复用药一次。及时清理圈舍，并进行无害化处理，有条件的可更换圈舍，在未被污染的圈舍饲养。

工作人员要注意个人卫生，出场前须彻底消毒，更换衣物，防止个人被感染。

## 三、猪弓形体病

猪弓形体病是由弓形体引起的多种动物及人类都能感染的一种人畜共患的寄生虫病。

### （一）病原体

弓形体又称弓浆虫，为细胞内寄生虫，根据其发育阶段的不同分为五型：滋养体和包囊两型出现在中间宿主体内，裂殖体、配子体和卵囊只出现在终宿主——猫的体内。滋养体呈新月形、香蕉形或弓形（图7-4）。

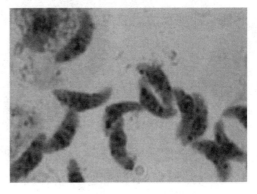

图7-4　弓形体（彩图）

### （二）生活史

1.在猫体内的发育

猫吞食了含有弓形体的包囊型虫体的动物组织或发育成熟的卵囊之后，包囊内的滋养体或卵囊内的子孢子即进入猫的消化道，并侵入肠上皮细胞，进行球虫型的发育和繁殖。经一段时间的繁殖后，由于宿主产生免疫力，或者还有其他因素，使其繁殖速度变缓，一部分滋养体被消灭，一部分滋养体在宿主的脑和骨骼肌等处形成包囊型虫体。包囊有较强的抵抗力，在宿主体内可存活数年之久。

2.在其他动物体内的发育

弓形体的滋养体可以通过口、鼻、咽、呼吸道黏膜、眼结膜和皮肤侵入各种动物和人的体内。弓形体进入动物体内后，主要输通过淋巴血液循环侵入有核细胞，在胞浆内以内出芽的方式进行无性繁殖。

由于弓形体在这些动物（猫属）和人的体内只进行无性繁殖，所以人和这些动物是中间宿主。

### （三）流行病学

弓形体可通过口、眼、鼻、咽、呼吸道、皮肤等途径侵入。通过胎盘感染胎儿的现象是普遍存在的。病畜和带虫的肉、内脏、血液、渗出液和排泄物中均可能有弓形体；乳中也曾分离出弓形体；流产胎儿的体内、胎盘和其他流产物中都有大量弓形体。

弓形体各个阶段的抵抗力是不同的。卵囊在常温下，可以保持感染力 1～1.5 年；一般常用的消毒药对卵囊没有影响；混在土壤和尘埃中的卵囊能长期地存活。包囊在冰冻和干燥条件下不宜生存，但在 4℃时尚能存活 68 天；包囊有抵抗胃液的作用。滋养体的抵抗力最差，在生理盐水中，几小时后感染力即行消失；各种消毒药均能使之死亡，1％浓度的来苏尔 1 分钟内即可杀死滋养体。

### （四）症状

猪弓形体病人工接种时的潜伏期为 3～7 天。病初病猪体温升高到 40.6～42.2℃，稽留热型，精神委顿，食欲逐渐减退，最后废绝；多便秘，有时下痢；呼吸困难，呈腹式呼吸，每分钟呼吸 60～85 次。有的有咳嗽和呕吐症状，流少量鼻液。有的四肢和全身肌肉强直，体表淋巴结，尤其是腹股沟淋巴结明显肿大，身体下部及耳部出现淤血斑，或有较大面积发绀。病程约 10～15 天。

### （五）病理变化

病猪全身淋巴结肿大、充血、出血；肺出血，有不同程度的间质水肿；肝有点状出血和灰白色或灰黄色坏死灶；脾有丘状出血点；胃底部出血，有溃疡；肾有出血点和坏死灶；大、小肠均有出血点；心包、胸腹腔有积水；体表出现紫斑。主要的病理组织学变化为局灶性坏死性肝炎和淋巴结炎、非化脓性脑膜炎、肺水肿和间质性肺炎等。在肝坏死灶周围的肝细胞胞浆内、肺泡上皮和单核细胞的胞浆内、淋巴结窦内皮细胞和单核细胞的胞浆内，常可见有单个的、成双的或3、5、6个不等的弓形体，呈圆形、卵圆形、弓形或新月形等不同形状。

### （六）诊断

弓形体病在临床表现、病理变化和流行病学上虽均有一定的特点，但仍不足以作为确诊的依据，而必须在实验室诊断中查出病原体或特异性抗体，方能做出结论。

### （七）防治

1. 治疗

磺胺嘧啶、磺胺甲氧嘧啶、磺胺-6-甲氧嘧啶、甲氧苄胺嘧啶和敌菌净均有较好的疗效，但要在发病初期使用；如用药较晚，则虽可使临床症状消失，但不能抑制虫体进入组织形成包囊，从而使病畜成为带虫者。

2. 预防

① 猪舍应经常保持清洁，定期消毒，严格地阻断猫类及其排泄物对猪舍、饲草、饲料和饮水的污染。

② 猪流产的胎儿及其一切排出物，包括流产的现场均须严格处置；对死于本病的和可疑的畜尸亦应有严格的处理办法，防止污染环境。更绝对不准用上述物品饲喂猫及其他肉食动物。

③ 尽一切可能消灭鼠类，防止家养和野生肉食动物对猪舍和猪的接触。

## 四、猪姜片吸虫病

猪姜片吸虫病是由片形科、姜片属的布氏姜片吸虫寄生于猪和人的十二指肠引起的影响仔猪生长发育和儿童健康的一种重要的人畜共患寄生虫病。

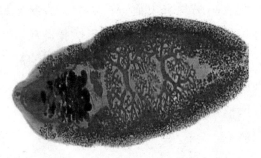

图 7-5　姜片吸虫（彩图）

## （一）病原

姜片吸虫新鲜虫体呈肉红色，固定后为灰白色，大小为（20～75）毫米×（8～20）毫米。虫体肥厚呈长卵圆形，像一个斜切的厚姜片，故称姜片吸虫（图 7-5）。虫体体表被有小棘，口吸盘位于虫体前端；腹吸盘发达，与口吸盘相距较近；两条肠管呈波浪状弯曲；两个树枝状分支的睾丸，前后排列在虫体后部的中央；一个分支的卵巢，位于睾丸前方；子宫弯曲在虫体的前半部，内含虫卵；卵黄腺分布在虫体的两侧。

虫卵较大，卵壳薄而均匀，淡黄色，长椭圆形或卵圆形，大小为（130～145）毫米×（85～97）毫米，一端具有不十分明显的卵盖，近卵盖端有一尚未分裂的卵细胞，周围有 20～40 个卵黄细胞。

姜片吸虫虫卵随宿主粪便排出后，在水中孵出毛蚴，毛蚴遇到合适的中间宿主——扁卷螺后，即侵入其体内，经胞蚴、母雷蚴、子雷蚴及尾蚴等发育阶段。尾蚴离开螺体，进入水中，附着在水生植物上形成囊蚴。猪采食含囊蚴的水生植物而感染，虫体在猪的十二指肠逐渐发育为成虫。从猪感染到成虫排卵约需 3 个月。

## （二）流行特点

该病的发生与流行与猪和人吃含有姜片吸虫囊蚴的水生植物密切相关。感染多在春、夏两季，而发病多在秋、冬季。猪患该病也与品种、年龄密切相关，如纯种猪比土种猪及杂种猪易感，约克夏猪比其他品种猪易感，幼龄猪比成年猪易感。

## （三）临床症状与病理变化

姜片吸虫多侵害仔猪。少量寄生时无症状，但仔猪生长发育受阻，因虫体较大，吸盘发达，吸附力强，造成小肠机械性损伤，可发生炎症、出血、水肿、坏死、脱落以致溃疡；大量寄生时，猪常出现腹痛、下痢、食欲减退和呕吐、营养不良、消化功能紊乱，后期贫血、水肿、精神萎靡，严重时阻塞肠道，引起肠破裂或肠套叠而死亡。

### （四）诊断

在流行区，猪如吃食正常但出现身体消瘦且腹部膨大、腹泻与便秘交替等症状，应怀疑猪患有此病。确诊时应采集新鲜粪便用水洗沉淀法查虫卵，如发现虫卵，或剖检时找到虫体即可确诊。因姜片吸虫虫卵较大，颜色较黄，易于识别。

### （五）防治

1. 预防

① 做好卫生宣教，不生食未经刷洗及沸水烫过的水生植物，不饮生水。

② 加强动物粪便管理，杀灭螺蛳，防止污染水体。

③ 积极治疗病人、病畜。

2. 治疗

硫氯酚：每千克体重 60～100 毫克，一次喂服。

敌百虫：每千克体重按 0.1 克，早晨猪空腹时给药，内服或拌入饲料中喂服（总量不超过 8 克）。

## 五、猪消化道线虫病

猪消化道线虫病是由多种寄生于猪消化道的线虫所引起的以消化道功能障碍、发育受阻等为特征的一类疾病。其中以猪蛔虫和食道口线虫引起的危害最为严重。该病是目前我国规模化猪场流行的主要线虫病。

### （一）形态

1. 猪蛔虫

猪蛔虫在分类上属于蛔科蛔属，是大型虫体。新鲜虫体淡红色或淡黄色圆柱状，两端稍细，雄虫长 15～25 厘米，雌虫长 20～40 厘米。虫卵具特征性，呈黄色椭圆形，卵壳厚，表面粗糙，高低不平。

2. 食道口线虫

食道口线虫在分类上属于食道口属，寄生于猪的大肠，主要是结肠。猪食道口线虫常见的种类有：有齿食道口线虫、长尾食道口线虫和短尾食道口线虫。

### （二）发育过程

**1.猪蛔虫**

猪蛔虫生活史简单，不需要中间宿主参与。成虫寄生于猪的小肠。雌虫产卵后卵随粪便排出，在适宜的条件下经过3~5周发育到感染性虫卵。感染性虫卵被猪吞食后，在小肠内孵出幼虫，多数幼虫随血液循环到肝脏，之后经蜕皮发育为第三期幼虫，又随血液进入右心房、右心室和肺动脉到肺部毛细血管，并穿破毛细血管进入肺泡。幼虫在肺内5~6天进行第三次蜕皮，变为第四期幼虫后离开肺泡，进入细支气管和支气管，上行到气管，随黏液到达咽部，经食道、胃返回小肠并在此发育为成虫。自感染性虫卵被猪吞食，到在猪小肠内发育为成虫，需2~2.5个月。猪蛔虫在宿主体内寄生7~10个月后，即自行随粪便排出。

**2.食道口线虫**

食道口线虫寄生在猪的大肠，成虫产卵后卵随粪便排出。虫卵在外界适宜的条件下发育为披鞘的感染性虫卵。猪吞食感染性幼虫后，在肠内蜕鞘，大部分幼虫在大肠黏膜下形成大小约1~6毫米的结节并在结节内蜕第三次皮，成为第四期幼虫，之后返回大肠腔，蜕皮后发育为成虫。成虫在宿主体内的寿命为8~10个月。

### （三）症状与病理变化

（1）猪蛔虫幼虫和成虫阶段引起的临床症状不同　幼虫移行过程中会造成宿主肝、肺等组织损伤，引起肝出血、肺炎，同时易伴发或继发其他一些传染病。在肝脏表面往往会形成云雾状的乳斑。幼虫在肺脏时仔猪出现咳嗽、体温升高、喘气等症状。成虫期往往导致猪营养不良，严重时成为僵猪。寄生数量多时，会造成肠阻塞或肠破裂。

（2）食道口线虫幼虫引起的临诊症状也不同　幼虫钻入宿主肠壁引起炎症，刺激机体产生免疫反应导致局部组织形成大量结节。结节破溃后形成顽固性肠炎。成虫寄生会影响增重和饲料转化。

### （四）诊断

诊断应结合临床症状、流行病学资料和诊断性驱虫等进行综合分析。

粪便检查可采用直接涂片法或饱和食盐水漂浮法检查粪便中有无虫卵。对于猪蛔虫幼虫可剖检患病猪肝、肺组织进行幼虫分离而确诊。

（五）防治

猪蛔虫和食道口线虫均属于土源性寄生虫，因此环境卫生最为重要。平时保持猪圈的干燥与清洁，定时清理粪便并堆积发酵，以杀死虫卵。对流行本病的猪场或地区，坚持"预防为主"的原则，定期驱虫。

治疗可选用以下药物：左旋咪唑、阿苯达唑、阿维菌素或伊维菌素。

# 第八章
# 猪内科病

## 第一节　猪的普通内科病

### 一、胃肠卡他

#### （一）病因

① 饲养管理不当：淋雨受寒，饲料的突然变换，给予过冷过热的饲料，惯喂热食改喂冷食，过饥、过饱，不定时定量等。

② 饲喂饲料的品质不良。

③ 投喂刺激性药物。

④ 各种疾病的继发和并发。

#### （二）发病机制

上述的各种致病因素直接刺激胃肠黏膜上的感受器，间接地或直接地扰乱了胃肠的正常分泌、运动和消化等机能。有时胃肠道黏膜的卡他性炎症变化不明显，其呈现的紊乱现象主要是属于机能性的。

#### （三）症状

急性患猪精神萎靡，常见有呕吐现象或逆呕动作，呕吐物起初为食物，后来则为泡沫样黏液，有时混有胆汁或少量血液；食欲大减或废绝，但多烦渴贪饮，饮水后又复呕吐；尿少色黄，往往出现便秘；体温升高。

慢性患猪食欲不定或始终减少，有时出现异嗜，精神疲乏，被毛无光泽。猪肠卡他常并发或继发于胃卡他。以肠机能紊乱为主的胃肠卡他的症状是下痢，肠音增强，腹部紧缩。轻症的病程较短，如不排除病因，又不及时给予治疗，病情往往恶化，易转为肠炎而造成死亡。

### （四）治疗

① 除去病因，加强护理。

② 清理胃肠，制止腐败发酵。可用 50～100 毫升液体石蜡灌服。

③ 调整胃肠机能，酌情给予稀盐酸 2～10 毫升，每日两次，连用 5～7 天。同时给予苦味健胃剂，增强胃肠蠕动，促进胃液分泌。

④ 中药可用平胃散、健胃散开水冲服。

## 二、仔猪营养性贫血

### （一）病因

本病的根本原因是猪机体内缺乏铁，由于铁缺乏而影响血红蛋白的生成，引起本病的发生。

### （二）症状

仔猪出生后 8～9 天时出现贫血症状，皮肤可视黏膜苍白，心率增快，活力显著下降，吮乳能力下降，而后发生营养不良，精神不振，被毛粗乱，影响生长发育。

另一种类型，仔猪不见消瘦，特别是外观上很肥胖，且生长发育也比较快，经 3～4 周后，可在奔跑中突然死亡。

消瘦的仔猪，消化系统发生障碍，周期性出现下痢及便秘，其体形呈两头尖的橄榄形。

### （三）治疗

应用铁剂对本病有疗效。硫酸亚铁，内服，75～100 毫克，连用 7 天。对哺乳的母猪必须给予富有铁、铜、钴及各种维生素的饲料，以提高母乳质量。

## 三、日射病及热射病

### （一）病因

本病主要是饲养管理不当，猪缺少运动或调教锻炼；病猪体质虚弱，或因暑热炎天、饮水不足，或因猪舍狭小、通风不良、潮湿闷热等，从而引起日射病或热射病的发生。

### （二）症状

本病的发生发展过程中，两者之间既有联系，又有区别。在临床实践中，既要注意其综合征，也要注意其特征。

**1.日射病**

病的初期，病猪精神沉郁，有时眩晕，四肢无力，步态不稳，共济失调，突然倒地，四肢做游泳样运动；目光狂恶，眼球突出，神情恐惧，有时全身出汗；病情发展急剧，心力衰竭，呼吸急促，节律失调。有的体温升高，皮肤干燥，瞳孔初散大后缩小，兴奋发作，狂暴不安。有的突然全身性麻痹，皮肤、角膜、肛门反射减退或消失，常常发生剧烈的痉挛或抽搐，迅速死亡。

**2.热射病**

病猪体温急剧上升，甚至达到 42~44℃ 以上，病初不食喜饮水，口吐泡沫。有的呕吐，继而卧地不起，头颈贴地，昏迷，或痉挛、战栗。濒于死亡前，病猪体温下降，静脉塌陷，昏迷不醒，陷于窒息和心脏骤停状态。

### （三）治疗

猪的日射病及热射病，多突然发生，病情重，过程急，应及时抢救，方能避免死亡。因此，必须根据防暑降温、镇静安神、强心利尿、缓解酸中毒、防止病情恶化的原则，采取急救措施。如用冷水浇头或冷敷、灌肠，并给予大量的 1‰~2‰ 凉盐水；为了促进体温放散，可肌内注射氯丙嗪溶液；伴发肺充血及肺水肿的先用适量的强心剂注射，然后立即静脉放血 100~300 毫升。放血后即用复方氯化钠溶液 100~300 毫升静脉注射，每隔 3~4 小时重复注射一次；心力衰竭的可用尼可刹米注射；出现自体中毒现象的可用 5% 碳酸氢钠溶液静脉注射。

病情好转时用盐类泻剂给予内服，改善水盐代谢，清理胃肠。同时加强饲养管理和护理，以利康复。

本病是家畜的一种重剧性疾病，病情发展急剧，死亡率高，因此在炎热季节中，必须做好饲养管理和防暑工作，特别是猪的运输中，应做好各项防暑和急救准备工作，防患于未然。

### 四、猪佝偻病

#### （一）病因

发生本病主要原因是母乳，尤其在断乳之后饲料中缺乏维生素 D，另外，缺乏足够的日光照射，或者饲料中钙、磷比例不当等原因都可造成仔猪佝偻病。

#### （二）症状

病猪早期呈现食欲减退，消化不良，精神不活泼，然后出现异食癖。病猪经常卧地，不愿起立和运动，发育停滞，消瘦，出牙期延长，齿形不规则，常排列不整齐，齿面易磨损。仔猪常跪地，发抖，后期口腔闭合困难。

#### （三）防治

本病的发生，可由于饲料中钙、磷比例不平衡，也可由于维生素 D 缺乏，在很多情况下，维生素 D 起着重要作用，因此防治佝偻病的关键是保证机体能获得充足的维生素 D。充足的日光照射也可预防本病。该病的有效治疗药物是维生素 D 制剂，例如鱼肝油、浓缩维生素 D 油、鱼粉等浓缩维生素 D 油可混在饲料中，也可皮下或肌内注射。随年龄和体重不同，每天用量为 5～50 滴（每毫升约含 10000 国际单位）。

## 第二节　猪中毒性疾病

### 一、猪亚硝酸盐中毒

#### （一）发病原因

油菜、白菜、甜菜、野菜、萝卜、马铃薯等青绿饲料或块根饲料富含硝酸盐。而在使用硝酸铵、硝酸钠、除草剂、植物生长剂的饲料和饲草，其硝酸盐的含量增高。硝酸盐还原菌广泛分布于自然界，在温度及湿度适宜时可大量繁殖。当饲料慢火焖煮、霉烂变质、枯萎等时，硝酸盐可被硝酸盐还原菌还原为亚硝酸盐，以致造成中毒。

亚硝酸盐的毒性比硝酸盐强 15 倍。亚硝酸盐亦可在猪体内形成，在一般情况下，硝酸盐转化为亚硝酸盐的能力很弱，但当胃肠道机能紊乱时，如患肠道寄生虫病或胃酸浓度降低时，可使胃肠道内的硝酸盐还原菌大量繁殖，此时若动物大量采食含硝酸盐的饲草饲料，即可在胃肠道内大量产生亚硝酸盐并被吸收而引起中毒。

### （二）发病机理

亚硝酸盐是强氧化剂，当猪采食含亚硝酸盐的饲料而吸收进入血液后，使血液中的二价铁（$Fe^{2+}$）转化为三价铁（$Fe^{3+}$），使正常的氧合血红蛋白氧化为高铁血红蛋白（即变性血红蛋白），从而丧失血红蛋白的正常携氧功能，造成组织缺氧。

### （三）临床症状

急性中毒的猪常在采食后 10～15 分钟发病，慢性中毒时可在数小时内发病。一般体格健壮、食欲旺盛的猪因采食量大而发病严重。病猪呼吸严重困难，多尿，可视黏膜发绀，刺破耳尖、尾尖等，流出少量酱油色血液，体温正常或偏低，全身末梢部位发凉。因刺激胃肠道而出现胃肠炎症状，如流涎、呕吐、腹泻等。共济失调，痉挛，挣扎鸣叫，或盲目运动，心跳微弱。临死前角弓反张，抽搐，倒地而死。

### （四）病理变化

中毒猪尸体腹部多膨满，口鼻青紫，可视黏膜发绀。口鼻流出白色泡沫或淡红色液体，血液呈酱油状，凝固不良。肺膨大，气管和支气管、心外膜和心肌有充血和出血，胃肠黏膜充血、出血及脱落，肠淋巴结肿胀，肝呈暗红色。

### （五）诊断

依据发病急、群体性发病的病史、饲料储存状况、临床见黏膜发绀及呼吸困难、剖检时血液呈酱油色等特征，可以做出诊断。可根据特效解毒药亚甲蓝进行治疗性诊断，也可进行亚硝酸盐检验、变性血红蛋白检查。

**1. 亚硝酸盐检验**

取胃肠内容物或残余饲料的液汁 1 滴，滴在滤纸上，加 10％联苯胺液 1～2 滴，再加 10％的醋酸 1～2 滴，滤纸变为棕色，则为亚硝酸盐阳性反应。也可将胃肠内容物或残余饲料的液汁 1 滴，加 10％高锰酸钾溶液 1～2 滴，充分摇动，如有亚硝酸盐，则高锰酸钾变为无色，否则不褪色。

**2. 变性血红蛋白检验**

取血液少许于试管内振荡，振荡后血液不变色，即为变性血红蛋白。为进一步验证，可滴入 1％氰化钾 1～3 滴，血色即转为鲜红。

## （六）防治

**1. 治疗**

迅速使用特效解毒药如亚甲蓝或甲苯胺蓝。静脉注射 1％的亚甲蓝，按每千克体重 1 毫升，也可深部肌内注射 1％的亚甲蓝；甲苯胺蓝每千克体重 5 毫克，可内服或配成 5％的溶液静脉注射、肌内注射或腹腔注射。使用特效解毒药时配合使用高渗葡萄糖溶液 300～500 毫升，以及每千克体重 10～20 毫克维生素 C。

对症治疗：呼吸急促时，可用尼可刹米、山梗菜碱等兴奋呼吸的药物。对心脏衰弱者，注射 0.1％盐酸肾上腺素溶液 0.2～0.6 毫升以强心。

**2. 预防**

改善饲养管理，青绿饲料宜生喂，堆积发热腐烂时不要饲喂；不宜堆放或蒸煮，要烧煮时，应迅速煮熟，揭开锅盖且不断搅拌，勿闷于锅里过夜。烧煮饲料时可加入适量醋，以杀菌和分解亚硝酸盐。接近收割的青绿饲料不应施用硝酸盐化肥。

## 二、猪食盐中毒

### （一）发病原因

猪食盐中毒是由于猪采食含盐分较多的饲料或饮水，如泔水、腌菜水、饭店食堂的残羹、洗咸鱼水或酱渣等，配合饲料时误加过量的食盐或混合不均匀等造成。全价饲料，特别是日粮中钙、镁等矿物质充足时，猪对过量食盐的敏感性大大降低，反之则敏感性显著增高。饮水是否充足，对食盐中毒的发生更具有绝对的影响。食盐中毒的关键在于限制饮水。

**（二）临床症状**

本病根据病程可分为最急性型和急性型两种。

（1）最急性型　为一次食入大量食盐而发生。临床症状为肌肉震颤，阵发性惊厥，昏迷，倒地，2天内死亡。

（2）急性型　当病猪吃的食盐较少，而饮水不足时，经过1～5天发病，临床上较为常见。临床症状为食欲减退，口渴，流涎，头碰撞物体，步态不稳，转圈运动。大多数病例呈间歇性癫痫样神经症状。神经症状发作时，颈肌抽搐，不断咀嚼流涎，呈犬坐姿势，张口呼吸，皮肤黏膜发绀，发作过程约1～5分钟，发作间歇时，病猪可不呈现任何异常情况，1天内可反复发作无数次。发作时，肌肉抽搐，体温升高，但一般不超过39.5℃，间歇期体温正常。末期后躯麻痹，卧地不起，常在昏迷中死亡。

**（三）病理变化**

剖检可见胃肠黏膜充血、出血、水肿，呈卡他性和出血性炎症，并有小点溃疡，粪便液状或干燥，全身组织及器官水肿，体腔及心包积水，脑水肿显著，并可能有脑软化或早期坏死。

**（四）诊断**

主要根据过食食盐和（或）饮水不足的病史，暴饮后癫痫样发作等突出的神经症状及脑组织典型的病变做出初步诊断。如为确诊，可采取饮水、饲料、胃肠内容物以及肝、脑等组织做氯化钠含量测定。肝和脑中的钠含量超过1.50毫克/克，即可认为是食盐中毒。

**（五）治疗**

本病无特效解毒药。发生本病后要立即停止食用原有的饲料，逐渐补充饮水，要少量多次给，不要一次性暴饮，以免造成组织进一步水肿，加剧病情。可以采取辅助治疗，其原则是促进食盐的排除，恢复阳离子平衡和对症处置。为恢复血中一价和二价阳离子平衡，可静脉注射5%葡萄糖酸钙溶液或10%氯化钙溶液；为缓解脑水肿，降低颅内压，可高速静脉注射25%山梨醇溶液或高渗葡萄糖溶液；为促进毒物排除，可用利尿剂和油类泻剂；为缓和兴奋和痉挛发作，可用硫酸镁等镇静解痉药。预防：配合饲料时，食盐要严格按量供给，充分搅拌均匀。用泔水、饭店食堂下脚料作饲料时，要注意食盐的用量。

当猪发生食盐中毒后，可采取下列措施：

① 大量饮水，并静脉注射 5％葡萄糖溶液 100～200 毫升。

② 为缓解兴奋和痉挛发作应用 5％溴化钾或溴化钙 10～30 毫升静脉注射，以排除体内蓄积的氯离子。

③ 使用氢氯噻嗪（双氢克尿噻）利尿以排除钠离子、氯离子，口服 0.05～0.2 克。

④ 为缓解脑水肿，降低颅内压，可用甘露醇注射液 100～200 毫升，静脉注射或用 50％葡萄糖液静脉注射。

### 三、猪霉菌毒素中毒

#### （一）临床症状

1. 急性中毒

病猪饮、食欲废绝，精神沉郁，有的体温升高至 40℃，垂头弓背，步态不稳；有的呆立不动，大多数表现为兴奋不安，流涎，角弓反张，皮肤表面出现紫斑，死前有神经症状。

2. 慢性中毒

病猪食欲下降，精神萎靡，体温偏低，进行性消瘦，被毛粗乱，皮肤发紫，行走无力，结膜苍白，生长缓慢，有异食现象，有的呕吐、拉稀或便秘交替。种公猪睾丸萎缩，性欲降低或失去性欲；妊娠母猪流产或早产或产死胎；空怀母猪发情紊乱，出现假发情，配种后不孕；仔猪慢性中毒后食欲不振，进行性消瘦，毛焦粗乱，结膜潮红，便秘（有时便秘和腹泻交替进行），有时出现神经症状，如狂躁不安或精神沉郁。所有中毒猪后期嗜睡，抽搐。

#### （二）病理变化

急性中毒主要表现为全身黏膜、浆膜、皮下和肌肉出血，肾脏、胃肠道出血、水肿，肝大，脾出血，血液凝固不良等。

慢性中毒主要病变为中毒性肝炎，肝大、变硬，淋巴结水肿、充血，腹腔有大量腹水等。

### （三）预防

① 严把饲料原料的采购关，不使用虫蛀、霉变原料；勤查原料储存，玉米等籽实原料最好水分保持在 12% 以下；严防原料房漏雨；对原料库要定时检查，发现原料发热或有异味，马上进行晾晒处理，清除发霉变质的原料。

② 饲料严重发霉应全部废弃。轻度发霉的饲料先用清水反复冲洗 3 次，再用 0.1% 漂白粉浸泡 3 小时，然后再用清水冲洗至水无色，之后将饲料晾晒干。

③ 饲喂猪只料要少喂勤添，对饲槽的剩料要及时清理，保持食槽干净卫生。特别要强调的是对产房哺乳母猪的饲喂，由于产房温度高，大多数哺乳母猪都采用湿拌料，饲喂量又大，容易出现剩料，高温高湿容易出现霉变，对产房里母猪槽要勤清理，根据母猪的采食量添加饲料，以做到吃饱不剩料为原则。如发现剩料应及时清理。

# 参考文献

[1] 郭传甲.现代养猪［M］.北京：中国农业科技出版社，2004.

[2] 路中兴，郭传甲，等.现代猪肉生产理论与实践［M］.北京：中国农业科技出版社，1994.

[3] 张永泰，等.高效养猪大全［M］.北京：中国农业出版社，1994.

[4] 张龙志.养猪学［M］.北京：中国农业出版社，1982.

[5] 左玉柱.猪场流行病防控技术问答［M］.北京：金盾出版社，2010.

[6] 李同洲，等.科学养猪［M］.北京：中国农业大学出版社，2001.

[7] 倪有煌，李毓义.兽医内科学［M］.北京：中国农业出版社，1996.

[8] 白景煌，等.兽医学［M］.北京：北京农业大学出版社，1991.

[9] 张长兴，杜垒，等.猪标准化生产技术［M］.北京：金盾出版社，2006.

[10] 黄健，邓红.确保生猪健康安全，才能增效增利有毒有害残留来自何方？——影响安全猪肉生
产的因素及调控措施［J］.中国动物保健，2007（11）：106-108.

[11] 杨子森，郝瑞荣，等.现代养猪大全［M］.北京：中国农业出版社，2008.

[12] 白玉坤，王振来.肉猪高效饲养与疫病监控［M］.北京：中国农业大学出版社，2002.

[13] 李瑞松，陈满，等.畜禽养殖与疾病防治实用技术［M］.北京：中国农业科学技术出版社，2011.